正本清源
分布式事务之 Seata

姜 宇　冯艳娜　著

电子工业出版社
Publishing House of Electronics Industry
北京·BEIJING

内 容 简 介

在微服务架构下，分布式事务一直是痛点和难点。Seata 是阿里巴巴开源的分布式事务中间件，致力于以高效且对业务无侵入的方式，解决在微服务场景下面临的分布式事务问题。

本书作者是阿里巴巴 GTS 创始人和 Seata 作者，结合其多年在分布式事务领域设计、研发和应用的经验，深入浅出地阐述了分布式事务技术基础、Seata AT 模式、TCC 模式、RPC 设计、事务协调器技术的原理，并给出了两个开发实例（AT 模式和 TCC 模式）。

本书可以为微服务系统架构师、研发人员解决核心业务实际问题提供思路，也适合分布式技术相关专业的学生阅读，帮助他们建立分布式事务的知识框架。

未经许可，不得以任何方式复制或抄袭本书之部分或全部内容。
版权所有，侵权必究。

图书在版编目（CIP）数据

正本清源分布式事务之 Seata／姜宇，冯艳娜著. —北京：电子工业出版社，2021.11
ISBN 978-7-121-42164-8

Ⅰ.①正… Ⅱ.①姜… ②冯… Ⅲ.①分布式数据处理－软件工具 Ⅳ.①TP274

中国版本图书馆 CIP 数据核字（2021）第 204448 号

责任编辑：吴宏伟
印　　刷：北京捷迅佳彩印刷有限公司
装　　订：北京捷迅佳彩印刷有限公司
出版发行：电子工业出版社
　　　　　北京市海淀区万寿路 173 信箱　邮编：100036
开　　本：720×1000　1/16　印张：14　字数：269 千字
版　　次：2021 年 11 月第 1 版
印　　次：2022 年 11 月第 2 次印刷
定　　价：109.00 元

凡所购买电子工业出版社图书有缺损问题，请向购买书店调换。若书店售缺，请与本社发行部联系，联系及邮购电话：(010) 88254888，88258888。
质量投诉请发邮件至 zlts@phei.com.cn，盗版侵权举报请发邮件至 dbqq@phei.com.cn。
本书咨询联系方式：010-51260888-819，faq@phei.com.cn。

前言

在我 2014 年初加入阿里巴巴集团时,分布式事务仍然是一个世界性难题,主流的技术方案或者对业务侵入性很强,或者性能太差,满足不了业务需求。

当时阿里巴巴集团业务已经大规模采用了微服务架构,微服务之间的分布式事务基本都采用了以下技术方案之一:TCC 柔性事务方案、基于消息的最终一致性方案、业务补偿方案。

这 3 种方案有一个共同的问题:对业务侵入性很强,业务开发人员需要做大量的业务改造工作,而且很容易出错。

我主动承担了一个极具挑战性的任务(产品内部编号 TXC):构建一个对业务无侵入的、高性能的、高可用的分布式事务中间件,让业务与事务分离,业务不需要关心事务,事务由框架自动完成。

很长一段时间,无人看好这个项目,因为这是一个已经存在几十年的世界级技术难题,全业界从来没有过接近于这个目标的产品,甚至没有人提出过这种"不可能"的目标。我们凭什么能做到?

幸运的是,我得到了主管小邪的支持,他让我放手去干。在此要特别感谢小邪!小邪"大神"把我招进阿里巴巴,并委以重任,让我有机会做出世界级、颠覆性的产品。业务无侵入的分布式事务技术是我个人百分之百原创的。我在阿里和华为共完成了 26 个高质量发明专利。

用了一年多,我设计、研发的 TXC 正式发布,实现了产品的从 0 到 1,并广泛应用于阿里巴巴集团内部业务。随后,TXC 云上版本发布,改名为 GTS,用于公有云和私有云的众多大型客户核心交易系统。GTS 性能卓越,真正实现了对业务的零侵入,拥有金融级的高可用性,在很多大型核心交易系统中证明了其实用价值。越来越多的人意识到 GTS AT 模式(非侵入模式)是分布式事务技术的发展方向。

GTS 在 2019 年发布了开源版本，名称为 Fescar，后来又改名为 Seata。Seata 开源仅两年多，截至 2021 年 8 月已经有两万多的 "star" 数和六千多的 "fork" 数，成为国内外最火的几个 Java 开源项目之一。

在一个技术领域做颠覆性创新，一定会碰到很多"坑"，这些"坑"必须一个个"绕过"。如果有一个"大坑"绕不过去，则整个项目可能就失败了。在 TXC / GTS 研发过程中当然也碰到了很多"坑"，凭借突出的技术预判能力和攻坚能力，我把所有"坑"都解决掉或完美避开了。

本书深入分析了 Seata 技术原理，包括 AT 模式、TCC 模式、RPC 设计、事务协调器等关键技术，并对源码进行了深入的剖析，可以帮助读者做到"知其然，并知其所以然"。我也希望通过这本书分享自己在设计、编码时的一些心得体会和思考方式。

书中还提供了两个实例，一个是 AT 模式的，另一个是 TCC 模式的。通过这两个可运行的实例，可以帮助读者快速学会 Seata 的使用，通过实战加深对分布式事务技术的理解。

第 2、3、7、8 章由冯艳娜编写，其余章由姜宇编写。

在此，特别感谢以前我在 TXC / GTS 项目组的同事们。张松树、张伟、申海强、季敏、厉启鹏，感谢你们与我并肩作战，完成一个伟大的产品。

有兴趣进行技术交流的朋友，可以加微信"jiangyu017"或公众号"SEATA 技术"。

姜宇

2021 年 8 月

目录

第 1 篇 分布式事务技术基础

第 1 章 事务与分布式事务 2
- 1.1 事务及 ACID 特性 2
  - 1.1.1 原子性（Atomicity） 2
  - 1.1.2 一致性（Consistency） 3
  - 1.1.3 隔离性（Isolation） 4
  - 1.1.4 持久性（Durability） 6
- 1.2 XA 两阶段提交协议 6
  - 1.2.1 两阶段提交协议的执行过程 7
  - 1.2.2 两阶段提交协议的缺点 8
- 1.3 分布式基础之 CAP 和 BASE 理论 8
  - 1.3.1 CAP 理论 9
  - 1.3.2 BASE 理论 10
- 1.4 TCC 柔性事务 12
- 1.5 基于消息的最终一致性 13
  - 1.5.1 问题示例 14
  - 1.5.2 解决方案 15

第 2 篇 Seata 原理详解

第 2 章 Seata 简介 18
- 2.1 Seata 发展历史 18

2.2 Seata 总体架构 19
    2.2.1 模块组成 19
    2.2.2 逻辑结构 21
2.3 Seata 事务模式 22
    2.3.1 AT 模式 22
    2.3.2 TCC 模式 23
    2.3.3 Saga 模式 25
    2.3.4 XA 模式 27

第 3 章 Seata AT 模式 28
3.1 AT 模式的基本原理 28
    3.1.1 工作流程示例 29
    3.1.2 事务日志表 30
    3.1.3 事务日志管理器 41
3.2 Seata 的数据源代理 43
    3.2.1 数据源代理类 43
    3.2.2 资源管理器 46
    3.2.3 数据库连接代理 51
    3.2.4 StatementProxy 与 PreparedStatementProxy 65
3.3 AT 模式的两阶段提交 87
    3.3.1 一阶段处理 87
    3.3.2 二阶段的提交处理 89
    3.3.3 二阶段的回滚处理 95

第 4 章 Seata TCC 模式 108
4.1 TCC 模式介绍 108
    4.1.1 TCC 模式与 AT 模式对比 108
    4.1.2 TCC 模式的设计方法 110
4.2 TCC 模式的实现原理 112
    4.2.1 TCC 模式的注解 112
    4.2.2 TCC 模式的资源注册 113
    4.2.3 TCC 模式的事务发起 118

第 5 章　Seata RPC 设计 124

5.1　网络通信 124
5.2　事务消息类型 131
5.3　消息序列化 133
5.3.1　资源管理器注册消息的编/解码 139
5.3.2　分支事务注册消息的编/解码 143
5.3.3　合并消息的编/解码 146

第 6 章　Seata 事务协调器 150

6.1　服务端的启动流程 150
6.2　默认的事务协调器 152
6.3　事务的消息处理 158
6.3.1　全局事务开始事件 GlobalBeginRequest 的处理过程 159
6.3.2　全局事务提交事件 GlobalCommitRequest 的处理过程ue 161
6.4　事务的二阶段推进 164
6.5　全局锁的原理 167
6.5.1　文件锁管理器的添加全局锁 170
6.5.2　文件锁管理器的释放全局锁 176

第 3 篇　Seata 开发实战

第 7 章　Seata AT 模式开发实例 180

7.1　AT 模式样例简介 180
7.2　准备工作 181
7.3　运行样例工程 184
7.4　验证 AT 模式分布式事务 186

第 8 章　Seata TCC 模式开发实例 194

8.1　TCC 模式样例简介 194
8.1.1　扣钱业务的 TCC 模式实现 196

        8.1.2 加钱业务的 TCC 模式实现 199
        8.1.3 转账业务的全局事务 202
    8.2 运行样例工程 204
        8.2.1 测试全局事务提交 205
        8.2.2 测试全局事务回滚 208
    8.3 缺陷分析 210

第 1 篇
分布式事务技术基础

第 1 章

事务与分布式事务

1.1 事务及 ACID 特性

事务是用户定义的一系列数据库操作。这些操作应该被视为一个完整的、不可分割的工作单元,要么全部执行,要么全部不执行。

举一个生活中的例子:去超市买东西,一手交钱一手交货就是"事务"。"交钱"和"交货"这两个动作要么全部执行,要么全部不执行。

从本质上来说,事务是为应用层服务的。即事务是为了方便业务系统的开发,简化业务系统的编程模型而出现的。

事务需要具备原子性(Atomicity)、一致性(Consistency)、隔离性(Isolation)和持久性(Durability),即常说的事务的 ACID 特性。

1.1.1 原子性(Atomicity)

事务的原子性是指:一个事务必须被视为一个不可分割的最小工作单元,事务中的所有操作要么全部提交成功,要么全部失败回滚,不可能只执行其中的一部分操作。

 在实现事务操作时,大多数的数据库是在数据快照上进行操作的,并不会修改实际的数据,在发生错误时并不会提交。

事务的一个示例是从银行账户 A 到账户 B 的转账。它包括两个操作:①从账户 A 扣钱；②将扣掉的钱保存到账户 B 中。在事务中，执行这些操作，可以确保数据库保持在一个一致的状态，即如果这两个操作中的任何一个失败，则必须保证账户中的金额不会减少也不会变多。

1.1.2 一致性（Consistency）

事务的一致性是指：数据库只能从一种有效状态变为另一种有效状态，写入数据库的任何数据都必须满足所有定义的规则（包括约束、级联、触发器及它们的任何组合）。

例子一

甲乙两个账户各有 10000 元。甲账户要向乙账户转账 20000 元，如果给定了"账户余额"这一列的约束是"不能小于 0"，则很明显"扣减甲账户余额的 SQL 语句"会因违反约束而执行失败（因为 10000－20000＜0），所以事务会回滚。

在这个例子中，在转账之前，数据库中甲账户的数据都是符合约束的，如果事务执行成功，则数据库数据约束就被破坏了，因此事务不能成功。这里我们说事务提供了一致性保证。

除数据库层面的一致性外，还有业务层面的一致性。简单来说就是，数据从处于一种业务上正确的状态，变为另外一种业务上正确的状态。

 所谓"业务上正确的状态"是指，符合系统的业务要求，且数据库中的所有数据都是有意义的，都处于处理正确的状态。

例子二

甲乙账户各有 10000 元，甲账户要向乙账户转账 20000 元。我们没有在数据库中给账户余额设定约束，但是在业务上是不允许账户余额小于 0 的。由于没有在数据库中做约束，"扣减甲账户余额的 SQL 语句"会执行成功，但在支付完成后我们会检查甲账户余额，发现余额小于 0，于是会进行事务的回滚。

在这个例子中，如果事务执行成功，那么，虽然没有破坏数据库的约束，但是破坏了应用层的约束。而事务的回滚保证了应用层的约束，因此也可以说事务提供了一致性保证。

不管在甲乙账户之间如何转账，转几次账，在事务结束后两个账户的余额加起来应该还是 20000 元。如果不是 20000 元，那从业务层面来看显然是错误的，数据的一致性受到了破坏。

1.1.3 隔离性（Isolation）

通常来说，事务的隔离性是指：一个事务所做的修改在最终提交之前，对其他的事务是不可见的。

> 严格来说，只有"可串行化"的隔离级别符合该要求，但这样会导致性能大大降低。因此在现实中，常常为了性能而不得不妥协——使用比较弱的隔离级别来达到比较好的性能。

ANSI 规定的隔离级别有以下四种。

1. 读未提交（Read Uncommitted）

在"读未提交"隔离级别中，所有事务都可以看到其他未提交事务的执行结果。该隔离级别在数据库的本地事务中很少被使用，但在分布式事务中被广泛使用。读取未提交的数据，也被称为"脏读"（Dirty Read）。

2. 读已提交（Read Committed）

"读已提交"是大多数数据库系统的默认隔离级别（但不是 MySQL 默认的）。它满足了隔离的简单定义——一个事务只能看见已经提交事务所做的改变。即一个事务从开始直到提交之前所做的任何修改，对其他事务都是不可见的。

"读已提交"级别有时也被叫作"不可重复读"（Non-repeatable），即执行两次同样的查询语句，可能会得到不同的结果。该隔离级别可以解决"脏读"问题，但存在"不可重复读"和"幻读"的问题。

> "不可重复读"发生的一个场景：事务 A 需要多次读取同一个记录，当再次读取该记录时另一个事务 B 已经修改了它，导致事务 A 读到的该数据与上一次读到的数据不一致。

3. 可重复读（Repeatable Read）

"可重复读"级别保证了在同一个事务中多次读取同一个记录的结果是一样的。MySQL 默认的隔离级别就是"可重复读"。该隔离级别可以解决"脏读"和"不可重复读"问题，但存在"幻读"（Phantom Read）问题。

所谓"幻读"是指，在某个事务读取某个范围内的记录时，另外一个事务在该范围的记录中插入了新记录，当之前的事务再次读取同范围的记录时会产生"幻行"（Phantom Row），即多读取一些记录（另一个事务插入了新记录）或者少读取一些记录（另一个事务删除了一些记录）。

"幻读"发生的一个场景：select 语句检测某个记录，发现不存在数据，但在执行 insert 语句时发现该记录已经存在数据了（另一个事务此时插入了该数据），不能再插入。

看起来"可重复读"和"不可重复读"级别都是指同一个事务前后读取的数据不一致，但是两者是不一样的：

- "可重复读"强调的是，在同一个事务的两次查询之间，第二个事务删除或者插入了一些记录，导致第一个事务看到不一样的结果（幻读）。
- "读已提交"强调的是，在同一个事务的两次查询之间，第二个事务更新了记录，导致第一个事务看到不一样的结果（不可重复读）。

4. 可串行化（Serializable）

"可串行化"是事务的最高隔离级别，即强制事务串行执行。这样可以避免"幻读"问题，但会导致性能大大降低。

这四种"隔离级别"与"脏读""不可重复读""幻读"的关系见表 1-1。

表 1-1

隔离级别	脏　　读	不可重复读	幻　　读
读未提交（Read Uncommitted）	√	√	√
读已提交（Read Committed）	×	√	√
可重复读（Repeatable Read）	×	×	√
可串行化（Serializable）	×	×	×

1.1.4 持久性（Durability）

事务的"持久性"是指：一旦一个事务被提交了，则数据库中数据的改变就是永久的，即便数据库系统遇到故障也不会丢失提交事务的操作。

在现实中，没有数据库可以做到绝对不丢失数据，人们会根据成本在持久性方面做取舍。

1.2 XA 两阶段提交协议

XA 两阶段提交协议（下文简称 XA 协议）由 Tuxedo 提出给 X/Open 组织，作为资源管理器与事务协调器的接口标准。

XA 协议包括两套函数——以 xa_ 开头的函数及以 ax_ 开头的函数。

- xa_open()、xa_close()：建立/关闭与资源管理器的连接。
- xa_start()、xa_end()：开始/结束一个本地事务。
- xa_prepare()、xa_commit()、xa_rollback()：预提交/提交/回滚一个本地事务。
- xa_recover()：回滚一个已进行预提交的事务。
- ax_reg()、ax_unreg()：允许一个资源管理器在事务协调器中动态注册/撤销注册。

以"ax_"开头的函数，使得资源管理器可以在事务协调器中动态地进行注册，并可以对 XID（事务 ID）进行操作。

XA 两阶段提交协议被用来管理分布式事务。两阶段提交协议可以保证数据的强一致性，能够解决很多的临时性系统故障（包括进程、网络节点、通信等故障），被广泛地使用。

许多分布式关系型数据管理系统采用此协议来完成分布式事务，Oracle、Informix、DB2 和 Sybase 等各大数据库厂家都提供了对 XA 协议的支持。

两阶段提交协议为了保证事务的一致性，不管是事务协调器还是各个资源管理器的每一步操作，都会记录日志。记录日志降低了性能，但提高了系统故障恢复能力。

1.2.1 两阶段提交协议的执行过程

两阶段提交协议由两个阶段组成，如图 1-1 所示。

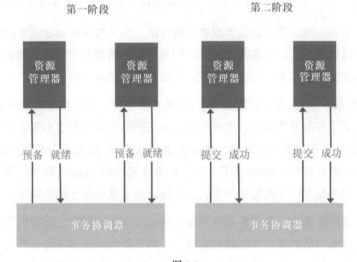

图 1-1

在正常情况下，这两个阶段的执行过程如下。

在第一阶段（下文中称为"一阶段"）中，应用程序向事务协调器发起提交请求，此后分为两个步骤。

（1）事务协调器通知参与该事务的所有资源管理器开始准备事务。

（2）资源管理器在接收到消息后开始准备（写好事务日志并执行事务，但不提交），之后将"就绪"的消息返给事务协调器。此时已经将事务的大部分事情都做完了，第二阶段的操作耗时极短。

在第二阶段（下文中称为"二阶段"）中也分为两个步骤。

（1）事务协调器在接收到各个资源管理器回复的消息后，基于投票结果进行决策——提交或取消。如果有任意一个回复失败，则发送回滚命令，否则发送提交命令。

（2）各个资源管理器在接收到二阶段提交或回滚命令后，执行并将结果返给事务协调器。

1.2.2 两阶段提交协议的缺点

两阶段提交协议主要存在以下缺点。

（1）同步阻塞问题。在执行过程中，所有参与节点都是事务阻塞型的——当参与者占有公共资源时，其他第三方节点访问公共资源不得不处于阻塞状态。

（2）单点故障。事务协调器起着关键作用，一旦事务协调器发生故障，参与者会一直阻塞下去。尤其在二阶段，如果事务协调器发生故障，则所有的参与者还都处于锁定事务资源的状态中，无法继续完成事务操作。

（3）数据不一致。在二阶段处理中，如果在事务协调器向参与者发送 commit 请求后发生了局部网络异常，或者在发送 commit 请求过程中事务协调器发生了故障，则会导致只有一部分参与者接收到 commit 请求；这部分接收到 commit 请求的参与者会执行 commit 操作，而其他部分未接到 commit 请求的参与者则不会执行事务提交；于是整个分布式系统便出现了数据不一致的现象。

（4）状态不确定。如果事务协调器在发出 commit 消息之后宕机了，且唯一接收到这条消息的参与者同时也宕机了，那么即使通过选举协议产生了新的事务协调器，这条事务的状态也是不确定的，因为没人知道事务是否已经被提交了。

1.3　分布式基础之 CAP 和 BASE 理论

在计算机科学领域，分布式一致性是一个相当重要的问题。

分布式系统要解决的一个重要问题是数据复制。数据复制为分布式系统带来了高可用、高性能，但也同时带来了分布式一致性挑战：在对一个副本数据进行更新时，必须确保也更新其他副本，否则不同副本的数据将不一致。

如何解决这个问题？一种思路是：阻塞"写"操作，直到数据复制完成。但这个思路在解决一致性问题的同时，又带来了"写"操作性能低的问题。如果有高并发的"写"请求，则在使用这个思路之后，大量"写"请求阻塞，导致系统整体性能急剧下降。如何既保证数据的一致性，又不影响系统运行的性能,是每一个分布式系统都需要重点考虑和权衡的问题。

如何实现一种既能保证 ACID 特性,又能保证高性能的分布式事务处理系统是一个世界性难题。在技术演进过程中,出现了诸如 CAP 和 BASE 这样的分布式系统理论。

1.3.1 CAP 理论

CAP 是分布式系统的指导理论,它指出:一个分布式系统不可能同时满足一致性(C:Consistency)、可用性(A:Availability)和分区容错性(P:Partition Tolerance)这 3 个需求,最多只能同时满足其中两项。

C、A、P 这 3 个要素的关系如图 1-2 所示。

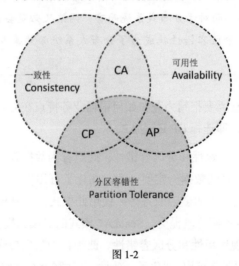

图 1-2

- 一致性(Consistency),指"all nodes see the same data at the same time",即在更新操作成功并返回客户端完成后,所有节点在同一个时间的数据完全一致。

 这里的一致性是指强一致性。一般关系型数据库就具有强一致性特性。

- 可用性(Availability),指"Reads and writes always succeed",即服务一直可用,而且是正常响应时间。

- 分区容错性（Partition Tolerance），指"the system continues to operate despite arbitrary message loss or failure of part of the system"，即分布式系统在遇到某节点或网络分区故障时，仍然能够对外提供满足一致性和可用性的服务。

> 因为分布式系统无法同时满足一致性、可用性、分区容错性这 3 个基本需求，所以我们在设计分布式系统时就必须有所取舍。
>
> 对于分布式系统而言，分区容错性是最基本的要求，因为：既然是一个分布式系统，那么分布式系统中的组件必然会被部署到不同的节点，否则也就无所谓分布式系统了，因此必然会出现子网络。而对于分布式系统而言，网络又必定会出现异常情况，因此，分区容错性就成为了分布式系统必然需要面对和解决的问题。

系统架构师往往需要把精力花在如何根据业务特点在 C（一致性）和 A（可用性）之间做选择，即选择 CP 还是 AP。

- CP，即实现一致性和分区容错性。此组合为数据强一致性模式，即要求在多服务之间数据一定要一致，弱化了可用性。一些对数据要求比较高的场景（比如金融业务等）使用此模式。这种模式性能偏低。常用方案有 XA 两阶段提交、Seata AT 模式的"读已提交"级别等。
- AP，即实现可用性和分区容错性。此组合为数据最终一致性模式，即要求所有服务都可用，弱化了一致性。互联网分布式服务多数基于 AP，这种模式性能高，可以满足高并发的业务需求。常用方案有 TCC、基于消息的最终一致性、Saga 等。

1.3.2 BASE 理论

BASE 是 Basically Available（基本可用）、Soft State（软状态）和 Eventually Consistency（最终一致性）这 3 个短语的缩写。

BASE 理论是对 CAP 中的一致性及可用性进行权衡的结果，其核心思想是：无法做到强一致性，那么可以通过牺牲强一致性来获得可用性。

下面具体看一下这 3 个要素。

1. Basically Available（基本可用）

基本可用是对 A（可用性）的一个妥协，即在分布式系统出现不可预知故障时，允许损失部分可用性。比如在秒杀场景和雪崩的业务场景下进行降级处理，使核心功能可用，而不是所有的功能可用。

2. Soft State（软状态）

软状态是相对于原子性而言的。

要求多个节点的数据副本是一致的，这是一种"硬状态"。

"软状态"指的是：允许系统中的数据存在中间状态，并认为该状态不影响系统的整体可用性，即允许系统在多个不同节点的数据副本上存在数据延时。

3. Eventually Consistency（最终一致性）

不可能一直是"软状态"，必须有个时间期限。在时间期限过后，应当保证所有副本保持数据一致性，从而达到数据的最终一致性。这个时间期限取决于网络延时、系统负载、数据复制方案设计等因素。

> 不只是分布式系统使用最终一致性，关系型数据库在某个功能上也使用最终一致性。比如在备份时，数据库的复制过程是需要时间的，在这个复制过程中，业务读取的值就是"旧"的。当然，最终还是达到了数据一致性。

总体来说，BASE 理论面向的是大型高可用、可扩展的分布式系统。不同于 ACID，BASE 理论提出通过牺牲强一致性来获得可用性，并允许在一定时间内的不一致，但是最终达到一致。

> 在实际的分布式场景中，不同业务对数据的一致性要求不一样。因此在设计时，往往结合使用 ACID 和 BASE 理论。

1.4 TCC 柔性事务

TCC（try-confirm-cancel）的核心思想是：通过对资源的预留（如账户状态、冻结金额等），尽早释放对资源的"加锁"；如果事务可以提交，则完成对预留资源的确认；如果事务要回滚，则释放预留的资源。

TCC 方案在电商、金融领域落地较多。TCC 方案其实是两阶段提交的一种改进，对业务侵入大，资源锁定交由业务方完成。

TCC 方案将整个业务逻辑的每个分支显式地分成 try、confirm、cancel 这 3 个操作阶段：在 try 操作阶段完成业务的准备工作；在 confirm 操作阶段完成业务的提交；在 cancel 操作阶段完成事务的回滚。

try、confirm、cancel 操作可以与 XA 两阶段提交中资源管理器的 prepare、commit、rollback 接口类比，区别在于：

- 前者在开发者层面是能感知到的，这 3 个阶段的业务逻辑（即对资源的操作）是由开发者自己去实现的。
- 后者在开发者层面是不感知的，数据库自动完成了资源的操作。

TCC 基本原理如图 1-3 所示。

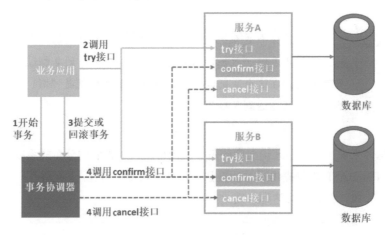

图 1-3

（1）业务应用向事务协调器发起开始事务请求。

（2）业务应用调用所有服务的 try 接口，完成一阶段工作。

（3）业务应用根据调用 try 接口是否都成功，决定提交或回滚事务，并发送请求到事务协调器。

（4）事务协调器根据接收到的请求为提交还是回滚事务，决定调用 confirm 接口或 cancel 接口。如果接口调用失败，则会重试。

TCC 方案让应用自己定义数据库操作的粒度，使得降低锁冲突、提高吞吐量成为可能。

TCC 方案也有不足之处，主要表现在以下两个方面：

（1）对应用的侵入性强。业务逻辑的每个分支都需要实现 try、confirm、cancel 这 3 个操作，应用侵入性较强，改造成本很高。

（2）实现难度较大。需要根据网络状态、系统故障等不同失败原因实现不同的回滚策略。为了满足一致性的要求，confirm 和 cancel 接口必须实现幂等性。

上述原因导致 TCC 方案大多被研发实力较强、有迫切需求的大公司所采用，小公司使用较少。

1.5 基于消息的最终一致性

从本质上讲，消息方案是将分布式事务转换为两个本地事务，然后依靠下游业务的重试机制达到最终一致性。

在普通消息处理流程中，存在数据库数据与消息不一致的问题，进而造成消息生产者与消息消费者数据不一致。一个典型的消息处理流程如图 1-4 所示。

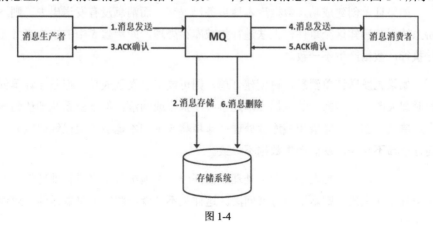

图 1-4

（1）消息生成者在完成本地业务操作（通常为一个数据库本地事务）后，发送消息到 MQ。

（2）MQ 收到消息，将消息持久化，在存储系统中新增一条记录。

（3）MQ 返回 ACK 给消息生产者。

（4）MQ 推送消息给对应的消息消费者，然后等待消息消费者返回 ACK。

（5）消息消费者在收到消息后完成本地业务操作（通常为一个数据库本地事务），返回 ACK。

（6）MQ 删除消息。

上面的流程不能保证步骤 1 和步骤 5 的数据库本地事务同时成功或同时失败。

1.5.1 问题示例

下面以下订单服务为例进行介绍。先创建订单（步骤 1 的数据库本地事务），再发送消息给下游系统进行扣减库存处理。

伪代码如下：

```
public void orderService() {
    // 创建订单，insert 操作
    createOrder();
    // 发送订单创建成功消息
    sendMessage();
}
```

如果订单创建成功，数据库本地事务已提交，而消息没有发送出去，则下游系统无法感知这个事件，无法进行扣减库存处理，即步骤 5 中的本地事务无法执行，数据产生不一致。

如果先发送订单消息，再创建订单，则可能消息发送成功，但是在订单创建时却失败了，步骤 1 的数据库本地事务没执行或回滚，但下游系统却认为这个订单已经创建，完成扣减库存处理（即步骤 5 中的本地事务也已经提交），而订单却不存在，从而产生数据不一致。

是否可以将消息发送和业务处理放在同一个本地事务中来进行处理呢？如果消息发送失败，则本地事务就回滚。这样是不是就能解决消息发送的一致性问题呢？

其实还是不行。消息队列与数据库是两个独立的数据源，不可能通过本地事务，只能通过 XA 两阶段提交协议之类的方案来实现分布式事务（但这种方式性能较差）。

1.5.2 解决方案

在一些对数据一致性要求较高的场景中，经常采用基于消息的最终一致性方案，通过消息中间件来保证上、下游应用数据操作的一致性，如图 1-5 所示。

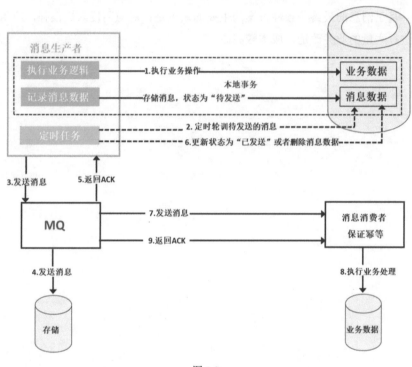

图 1-5

主要流程如下：

（1）在执行业务操作时，记录一条消息数据到数据库（状态为"待发送"），并且消息数据的记录与业务数据的记录必须在数据库的同一个本地事务内完成（这是该方案的核心保障）。

（2）在消息数据记录完成后，通过一个定时任务轮询状态为"待发送"的消息，然后将待发送的消息投递给消息队列。

（3）如果在这个过程中消息投递失败，则启动重试机制，直到成功收到消息队列的 ACK 确认后，再将消息状态更新为"已发送"或者删除消息。

（4）如果下游系统消费消息失败，则不断重试，最终做到两个系统数据的最终一致性。

上述流程保证了：只要订单创建成功，就一定会发送一条消息到 MQ，下游的消息消费者就一定可以收到这条消息并完成业务处理，从而保证了上下游系统数据的一致性。

基于消息的最终一致性方案的主要的缺点是：对应用侵入性很强，应用需要进行大量的业务改造，成本较高。

第 2 篇
Seata 原理详解

第 2 章

Seata 简介

2.1 Seata 发展历史

笔者于 2014 年开始着手解决阿里巴巴集团内部业务的分布式事务问题，从 0 到 1 研发一个支持非侵入模式（内部称之为 AT 模式，即自动模式）和 TCC 模式（内部称之为 MT 模式，即手动模式）的分布式事务中间件 TXC（Taobao Transaction Constructor）。TXC 被广泛应用于阿里巴巴集团内部业务，主要用于解决 HSF 服务框架下多个数据库读写间的一致性问题。在实际业务使用中，以非侵入模式为主，TCC 模式为辅助。

2016 年开始，这个产品以云服务的形式对外输出，名称为 GTS（Global Transaction Service），服务于众多大型私有云用户和公有云用户。

2019 年 1 月，阿里巴巴中间件团队推出了 GTS 开源版本 Fescar（Fast & Easy Commit And Rollback），并和开源社区一起共建开源分布式事务解决方案。Fescar 的愿景是：让分布式事务的使用像本地事务的使用一样简单和高效，并逐步解决开发者们遇到的分布式事务方面的所有难题。

在 Fescar 开源后，蚂蚁金服加入 Fescar 社区参与共建，随后 Fescar 被改名为 Seata（Simple Extensible Autonomous Transaction Architecture）。虽然 Seata 目前已经包含了多种事务模式，但其最吸引客户的始终是 AT 模式，因为技术发展趋势一定是从侵入式到非侵入式，提高研发效率。

Seata 已经是 Github 上一个大热的项目，开源两年多截止 2021 年 8 月已有两万多的"star"数和六千多的"fork"数，项目还在快速迭代中。目前 Seata 已成为业界主流的分布式事务解决方案。

2.2 Seata 总体架构

Seata 代码总量不大，目录结构比较简洁。

2.2.1 模块组成

Seata 的目录结构如图 2-1 所示。

图 2-1

各模块的说明如下。

- all：只有一个 pom 文件，指定了 Seata 依赖哪些包。
- bom：只有一个 pom 文件，指定了 Seata 依赖管理的包，即 pom 文件的<dependencyManagement>节点的内容。
- changes：描述了版本变更情况。
- common：通用模块。定义了通用的工具类、线程工具、异常、加载类等。
- compressor：压缩模块。定义了多种主流压缩格式，比如 Zip、Gzip、7z、Lz4、Bzip2 等，用来实现消息压缩功能。
- config：配置模块。用于连接和操作配置中心，支持多种主流配置中心组件，包括 Nacos、Apollo、Etcd、Consul、ZooKeeper 等。
- core：核心模块。定义了 RPC、Netty、事件、协议、事务上下文等。
- discovery：发现模块。用于服务发现，支持多种主流的可用作微服务注册中心的组件，包括 Nacos、Etcd、Eureka、Redis、ZooKeeper 等。
- distribution：只有一个 pom 文件，用于打包发布。
- integration：整合模块。整合了 Seata 对多种 RPC 框架的支持，包括 Dubbo、gRPC、SOFA-RPC 等。用来实现 Seata 事务上下文在 RPC 框架的传递。
- metrics：度量模块。用于收集一些 Seata 运行指标数据，并导出到一些监控系统（如使用广泛的普罗米修斯）中。
- rm：资源管理器模块。定义了多种类型资源管理器（AT 模式的资源管理器、TCC 模式的资源管理器、Saga 模式的资源管理器、XA 模式的资源管理器）的公共组件。
- rm-datasource：AT 模式的资源管理器模块。实现了 AT 模式的数据源代理、SQL 语句处理等。该模块也包括对 XA 模式的支持。
- saga：Saga 模式的资源管理器模块。用来实现对 Saga 模式事务的支持。
- script：脚本模块。定义了需要的脚本文件和配置文件。
- seata-spring-boot-starter：用于与 Spring Boot 结合，简化使用。
- serializer：序列化模块。用于 Seata 消息序列化和反序列化，支持多种协议，包括 Seata 私有序列化协议、FST、Hessian、Kryo 等。
- server：服务端模块。用来实现事务协调器，维护全局事务和分支事务的状态，推进事务两阶段提交/回滚。
- spring：Spring 支持模块。定义了 Seata 事务注解。
- sqlparser：SQL 解析模块。Seata 使用 Druid SQL 解释器。
- style：定义了代码规范。
- tcc：TCC 模式资源管理器模块。用来实现对 TCC 事务模式的支持。

- test：测试模块。
- tm：事务协调器模块。定义了全局事务的范围、开启全局事务、提交/回滚全局事务。

2.2.2 逻辑结构

Seata 有 3 个主要角色：TM（Transaction Manager）、RM（Resource Manager）和 TC（Transaction Coordinator）。

其中，TM 和 RM 是以 SDK 的形式作为 Seata 的客户端与业务系统集成在一起，TC 作为 Seata 的服务端独立部署，如图 2-2 所示。

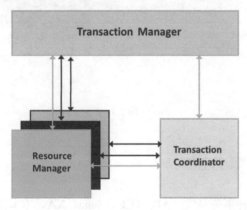

图 2-2

- TM：事务管理器。与 TC 交互，开启、提交、回滚全局事务。
- RM：资源管理器。与 TC 交互，负责资源的相关处理，包括分支事务注册与分支事务状态上报。
- TC：事务协调器。维护全局事务和分支事务的状态，推进事务两阶段处理。对于 AT 模式的分支事务，TM 负责事务并发控制。

Seata 处理分布式事务的主要流程如图 2-3 所示。

（1）TM 开启全局事务（TM 向 TC 开启全局事务）。

（2）事务参与者通过 RM 与资源交互，并注册分支事务（RM 向 TC 注册分支事务）。

（3）事务参与者在完成资源操作后，上报分支事务状态（RM 向 TC 上报分支事务完成状态）。

（4）TM 结束全局事务，事务一阶段结束（TM 向 TC 提交/回滚全局事务）。

（5）TC 推进事务二阶段操作（TC 向 RM 发起二阶段提交/回滚）。

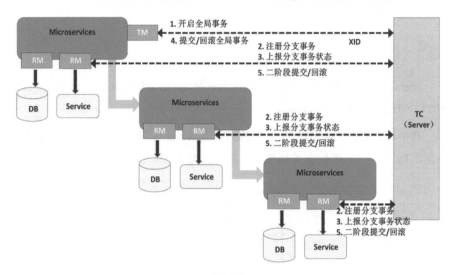

图 2-3

2.3　Seata 事务模式

Seata 支持 4 种事务模式：AT、TCC、Saga、XA。本节做一个简要说明，后面章节会对 AT 模式和 TCC 模式进行深入剖析。

2.3.1　AT 模式

AT 模式是 Seata 主推的分布式事务解决方案，对业务无侵入，真正做到了业务与事务分离，用户只需关注自己的"业务 SQL 语句"。

AT 模式使用起来非常简单，与完全没有使用分布式事务方案相比，业务逻辑不需要修改，只需要增加一个事务注解@GlobalTransactional 即可，如图 2-4 所示。

```
@Override
@GlobalTransactional
public TOrder save(TOrder po){
    //扣余额
    Long accountId = 1L;
    String result = accountFeginClient.decreaseMoney(po.getMoney(), accountId);
    System.out.println("扣余额:"+result+" money:"+po.getMoney()+" accountId:"+accountId);
    //扣库存
    productFeginClient.decreaseNum(po.getNum(), po.getProductId());
    System.out.println("扣库存:"+result+" num:"+po.getNum()+" productId:"+po.getProductId());
    //下单
    TOrder order = tOrderDao.save(po);
    System.out.println("下单:success");
    return order;
}
```

图 2-4

2.3.2 TCC 模式

TCC 模式需要用户根据自己的业务场景实现 try()、confirm() 和 cancel() 这 3 个方法：事务发起方在一阶段执行 try()方法，在二阶段提交执行 confirm() 方法，在二阶段回滚执行 cancel()方法。

在 TCC 模式中，Seata 框架把每组 TCC 服务接口当作一个资源（TCC Resource）。这套 TCC 服务接口可以是 RPC，也可以是服务内 JVM 调用。在业务启动时，Seata 框架会自动扫描并识别出 TCC 服务接口的发布方和调用方：

- 对于发布方，则 Seata 框架会在业务启动时向 TC 注册 TCC Resource。与 AT 模式的 DataSource Resource 一样，每个 TCC Resource 也会带有一个资源 ID。
- 对于调用方，则 Seata 框架会给其加上切面，在运行时该切面会拦截所有对 TCC 服务接口的调用。每调用一次 try 接口，切面都会先向 TC 注册一个分支事务，然后才去执行 try()方法的业务逻辑并向 TC 汇报分支事务状态。

在请求链路调用完成后，发起方通知 TC 提交或回滚分布式事务，进入二阶段调用流程。此时，TC 会根据之前注册的分支事务，回调对应参与者去执行 TCC 资源的 confirm() 或 cancel()方法。

Seata TCC 框架本身很简单，主要是扫描 TCC 服务接口、注册资源、拦截接口调用、注册分支事务、汇报分支事务状态、回调二阶段接口。对于 TCC 模式来说，最复杂逻辑是 TCC 服务接口的实现。

用户以 TCC 模式接入 Seata 框架，最重要的是考虑如何将自己的业务模型拆成两阶段来实现。

TCC 模式与 AT 模式的主要区别如下。

（1）在使用上，TCC 模式依赖用户自行实现的 3 个方法（try()、confirm()、cancel()）成本较大；AT 模式依赖全局事务注解和代理数据源，代码基本不需要改动，对业务无侵入、接入成本极低。

（2）TCC 模式的作用范围在应用层，本质上是实现针对某种业务逻辑的正向和反向方法；AT 模式的作用范围在底层数据源，通过保存操作行记录的前、后镜像和生成反向 SQL 语句进行补偿操作，对上层应用透明。

（3）TCC 模式事务并发控制由业务自行"加锁"，AT 模式由 Seata 框架自动"加锁"。

1. 举例

以"扣钱"场景为例，在接入 TCC 模式前，对账户"扣钱"，只需一条更新账户余额的 SQL 语句就能完成；但是在接入 TCC 模式之后，用户则需要考虑如何将原来一步就能完成的"扣钱"操作拆成两阶段，实现成 3 个方法，并且保证如果一阶段 try()方法成功则二阶段 confirm()方法也一定能成功。

如图 2-5 所示，try()方法在一阶段执行，需要做资源的检查和预留。在"扣钱"场景下，try()方法要做的是检查账户余额是否充足、预留转账资金（预留的方式就是冻结 A 账户的转账金额）。在 try()方法执行后，账户 A 的余额虽然还是 100 元，但是其中有 30 元已经被冻结了，不能被其他事务使用。

二阶段 confirm()方法执行真正的"扣钱"操作。confirm()方法会使用 try()方法冻结的金额执行账号"扣钱"。在 confirm()方法执行后，账户 A 在一阶段中冻结的 30 元已经被扣除，账户 A 的余额变为 70 元。

➢ 一阶段（try）：检查余额，预留其中30元。

账户A： | 冻结部分 | 可用余额 |
　　　　0　　　　30　　　　　　　　100

➢ 二阶段提交（confirm）：扣除30元。

账户A： |　　　　| 可用余额 |
　　　　　　　　0　　　　　　　　　70

➢ 二阶段回滚（cancel）：释放预留的30元。

账户A： | 可用余额 |
　　　　0　　　　30　　　　　　　　100

图 2-5

如果二阶段是回滚，则需要在 cancel()方法内释放一阶段 try()方法冻结的 30 元，使账户 A 回到初始状态，100 元全部可用。

> 相比 AT 模式，TCC 模式对业务代码有很强的侵入性。但是 TCC 模式没有 AT 模式的全局行锁，"加锁"逻辑完全需要根据业务特点制定。
>
> 在一些场景下，TCC 模式的性能会比 AT 模式的性能更好。但多数场景下，TCC 模式业务自己实现的"加锁"机制性能不会有明显优势，反而有较大劣势。建议用 AT 模式作为默认方案，用 TCC 模式作为补充方案。

2.3.3　Saga 模式

Saga 理论出自 Hector 和 Kenneth 1987 发表的论文 *SAGAS*。

Saga 是一种补偿协议。在 Saga 模式中，在分布式事务内有多个参与者，每一个参与者都是一个冲正补偿服务，需要用户根据业务场景实现其正向操作和逆向回滚操作。

如图 2-6 所示，T1~T3 都是正向的业务流程，都对应着一个冲正逆向操作 C1~C3。

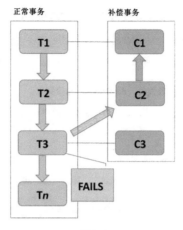

图 2-6

在分布式事务执行过程中，会依次执行各参与者的正向操作。

- 如果所有正向操作均执行成功，则分布式事务提交。
- 如果任何一个正向操作执行失败，则分布式事务会退回去执行前面各参与者的逆向回滚操作，回滚已提交的参与者，使分布式事务回到初始状态。

Saga 模式的正向服务与补偿服务也需要业务开发者实现，因此也具有很强的业务侵入性。在 Saga 模式中，分布式事务通常是由事件驱动的，在各个参与者之间是异步执行的。

Saga 模式是一种长事务解决方案，适用于业务流程长且需要保证事务最终一致性的业务系统。Saga 模式的一阶段就会提交本地事务，在无锁、长流程情况下这可以保证性能。

Saga 模式的优势：

- 在一阶段提交本地数据库事务，无锁，高性能。
- 参与者可以采用事件驱动异步执行，高吞吐。
- 补偿服务即正向服务的"反向"操作，易于理解，易于实现。

Saga 模式也存在很明显的缺点：在一阶段已经提交了本地数据库事务，且没有进行"预留"动作，所以不能保证隔离性，不容易进行并发控制。与 AT 模式和 TCC 模式相比，Saga 模式的适用场景有限。

2.3.4 XA 模式

在 XA 模式中，需要在 Seata 定义的分布式事务范围内，利用事务资源（数据库、消息服务等）实现对 XA 协议的支持，以 XA 协议的机制来管理分支事务。

本质上，Seata 另外的 3 大事务模式（AT、TCC、Saga）都是补偿型的。事务处理机制构建在框架或应用中。事务资源本身对分布式事务是无感知的。

而在 XA 模式下，事务资源对分布式事务是可感知的。

XA 协议要求事务资源本身提供对规范和协议的支持。因为事务资源（数据库、消息队列）可感知并参与分布式事务处理过程，所以事务资源可以保障从任意视角对数据的访问进行有效隔离，满足全局数据一致性。

XA 模式是传统的分布式强一致性的解决方案，性能较低，在实际业务中使用得较少，本书不做深入探讨。

第 3 章

Seata AT 模式

3.1 AT 模式的基本原理

AT 模式是一种无侵入的分布式事务技术，是对传统分布式事务技术的颠覆性创新，改变了分布式事务的技术发展方向。

在 AT 模式出现之前，业界普遍使用的是业务补偿、基于消息的最终一致、TCC、Saga 等业务侵入性强的技术方案。TXC / GTS 的 AT 模式在推出后迅速受到业界关注，服务于数百个核心应用，实现了业务与事务的分离，用"对业务无侵入"的方式解决了分布式系统复杂的数据一致性问题。

在 AT 模式中，通过 Seata 的数据源代理 DataSourceProxy 类对数据库进行操作。在业务通过 JDBC 标准接口访问数据库资源时，数据源代理会拦截所有请求，除执行原始请求外，还会做一些与分布式事务相关的工作，包括产生前镜像、产生后镜像、加锁数据、保存事务日志等。

在 Seata 中，每个参与 AT 模式事务的数据库被看作一个资源（Resource）。在每个本地事务提交前，Seata 资源管理器 RM（Resource Manager）都会向事务协调器 TC（Transaction Coordinator）中注册一个分支事务。每个分支事务对应于插入的一行事务日志。在注册分支事务成功后，会提交本地事务。在本地事务提交后，资源管理器 RM 向事务协调器 TC 汇报分支事务状态。

在全局事务中的所有操作都完成后，事务管理器根据"执行时是否捕获异常"来决定提交全局事务还是回滚全局事务，通知事务协调器提交或回滚分布式事务，进入二阶段处理。

事务协调器找出该分布式事务的所有分支事务，向每个分支事务所对应的资源管理器发起二阶段提交或二阶段回滚操作。资源管理器根据分支事务 ID，从事务日志表找到对应的事务日志，并基于日志完成二阶段处理。

> AT 模式的一阶段、二阶段提交、二阶段回滚均由 Seata 框架自动生成，用户只需编写"业务 SQL 代码"，便能轻松接入分布式事务框架。

下面用一个简单的场景来看一下 AT 模式的工作流程。

3.1.1 工作流程示例

现在有两个服务："余额服务"负责管理用户的余额并调用"积分服务"，"积分服务"负责管理用户的积分。

当用户充值时，调用"余额服务"增加用户账户上的余额，完成后，调用"积分服务"增加用户的积分。"余额服务"被声明为一个 Seata 全局事务，"积分服务"也被声明为一个 Seata 全局事务。

在本例子中存在"事务嵌套"："余额服务"传递事务上下文到"积分服务"，"积分服务"自己声明的全局事务不生效。

AT 事务流程分为两个阶段，一阶段的主要流程如图 3-1 所示。

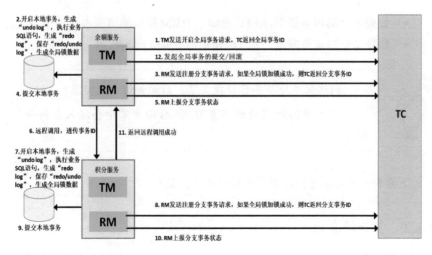

图 3-1

（1）"余额服务"中的 TM 向 TC 申请开启一个全局事务，TC 返回一个全局事务 ID。

（2）"余额服务"开启本地事务，生成"undo log"，执行业务 SQL 语句，生成"redo log"，保存"redo/undo log"，生成全局锁数据。

（3）在"余额服务"提交本地业务之前，RM 会先向 TC 注册分支事务。

（4）"余额服务"提交本地事务。

（5）"余额服务"的 RM 向 TC 上报事务状态。

（6）"余额服务"发起远程调用，把全局事务 ID 传给"积分服务"。

（7）"积分服务"开启本地事务，生成"undo log"，执行业务 SQL 语句，生成"redo log"，保存"redo/undo log"，生成全局锁数据。

（8）在"积分服务"执行本地业务前，RM 会先向 TC 注册分支事务。

（9）"积分服务"提交本地事务。

（10）"积分服务"的 RM 向 TC 上报事务状态。

（11）"积分服务"返回远程调用成功给"余额服务"。

（12）"余额服务"的 TM 向 TC 申请全局事务的提交/回滚。

至此，一阶段处理完成。TC 在收到全局事务提交/回滚指令后发起二阶段处理：

- 如果是全局事务提交，则 TC 通知多个 RM 异步地清理本地的事务日志。
- 如果是全局事务回滚，则 TC 通知每个 RM 回滚数据。

到这里本地事务已经提交了，后面如何才能回滚？

答案是通过记录的事务日志。后面章节中会深入分析如何回滚。

下面看一下在事务日志表中保存了哪些信息。

3.1.2 事务日志表

在数据源代理 DataSourceProxy 类拦截业务 SQL 语句后，会生成包含前镜像和后镜像信息的事务日志，并把事务日志保存在事务日志表（表名：undo_log）中。

在 AT 模式中，每一个参与事务的业务数据库都会创建一张事务日志表。MySQL 的表创建语句如下：

```sql
CREATE TABLE 'undo_log'
(
 'id'            BIGINT(20)   NOT NULL AUTO_INCREMENT,
 'branch_id'     BIGINT(20)   NOT NULL,
 'xid'           VARCHAR(100) NOT NULL,
 'context'       VARCHAR(128) NOT NULL,
 'rollback_info' LONGBLOB     NOT NULL,
 'log_status'    INT(11)      NOT NULL,
 'log_created'   DATETIME     NOT NULL,
 'log_modified'  DATETIME     NOT NULL,
 'ext'           VARCHAR(100) DEFAULT NULL,
 PRIMARY KEY ('id'),
 UNIQUE KEY 'ux_undo_log' ('xid', 'branch_id')
)
ENGINE = InnoDB
AUTO_INCREMENT = 1
DEFAULT CHARSET = utf8;
```

rollback_info 是事务日志表的核心字段，记录了回滚的数据信息。事务日志在 Seata 中被称为 undoLog。

下面看一条完整的 undoLog 记录中的 rollback_info 的值：

```
{
  "@class":"io.seata.rm.datasource.undo.BranchUndoLog",
  "xid":"192.168.0.8:8091:34937248742391708",
  "branchId":34937257391046756,
  "sqlUndoLogs":[
    "java.util.ArrayList",
    [
      {
        "@class":"io.seata.rm.datasource.undo.SQLUndoLog",
        "sqlType":"INSERT",
        "tableName":"orders",
        "beforeImage":{
          "@class":"io.seata.rm.datasource.sql.struct.TableRecords$EmptyTableRecords",
          "tableName":"orders",
          "rows":[
            "java.util.ArrayList",
            [
```

```
                    ]
                ]
            },
            "afterImage":{
              "@class":"io.seata.rm.datasource.sql.struct.TableRecords",
              "tableName":"orders",
              "rows":[
                "java.util.ArrayList",
                [
                  {
                    "@class":"io.seata.rm.datasource.sql.struct.Row",
                    "fields":[
                      "java.util.ArrayList",
                      [
                        {
                          "@class":"io.seata.rm.datasource.sql.struct.Field",
                          "name":"id",
                          "keyType":"PRIMARY_KEY",
                          "type":4,
                          "value":2
                        },
                        {
                          "@class":"io.seata.rm.datasource.sql.struct.Field",
                          "name":"user_id",
                          "keyType":"NULL",
                          "type":4,
                          "value":1
                        },
                        {
                          "@class":"io.seata.rm.datasource.sql.struct.Field",
                          "name":"product_id",
                          "keyType":"NULL",
                          "type":4,
                          "value":1
                        },
                        {
                          "@class":"io.seata.rm.datasource.sql.struct.Field",
                          "name":"pay_amount",
                          "keyType":"NULL",
                          "type":3,
                          "value":[
                            "java.math.BigDecimal",
                            1
                          ]
```

```
                    },
                    {
                        "@class":"io.seata.rm.datasource.sql.struct.Field",
                        "name":"status",
                        "keyType":"NULL",
                        "type":12,
                        "value":"INIT"
                    },
                    {
                        "@class":"io.seata.rm.datasource.sql.struct.Field",
                        "name":"last_update_time",
                        "keyType":"NULL",
                        "type":93,
                        "value":[
                          "java.sql.Timestamp",
                          [
                            1596793692000,
                            0
                          ]
                        ]
                    }
                ]
              ]
            }
          ]
        }
      ]
    }
```

上面这条 undoLog 是一个插入操作的记录。可以看到,其中有一个 beforeImage 和一个 afterImage。

beforeImage 就是"写"操作之前的数据备份(称之为"前镜像"),记录了这个事务分支所修改行在修改之前的数据。afterImage 是"写"操作之后的数据(称之为"后镜像"),记录了这个事务分支所修改行在修改之后的数据。如果事务发生回滚,则根据前、后镜像可以构建回滚语句,恢复到事务进行前的状态。

上例中是对 "orders" 这个表进行了 insert 操作。

- 对于 insert 操作来说,前镜像是空的,后镜像是新插入行的数据。

- 对于 delete 操作来说，前镜像是删除前的数据，后镜像是空的。
- 对于 update 操作来说，前镜像是更新前的数据，后镜像是更新后的数据。

下面看一下 afterImage 中的具体数据，包括以下 3 层结构：

- io.seata.rm.datasource.sql.struct.TableRecords
- io.seata.rm.datasource.sql.struct.Row
- io.seata.rm.datasource.sql.struct.Field

它们分别表示数据库中一个表的信息、表中一行记录的信息、一行记录中各个字段的信息。下面看一下这 3 层结构的定义。

1. TableRecords

TableRecords 类的代码如下。

【源码解析】

```java
public class TableRecords implements java.io.Serializable {
    private static final long serialVersionUID = 4441667803166771721L;
    // 表元数据
    private transient TableMeta tableMeta;

    // 表名称
    private String tableName;

    // 行集合
    private List<Row> rows = new ArrayList<Row>();
    ...
}
```

这个类中主要包含 3 个元素：表元数据（tableMeta）、表名称（tableName）、行集合（rows）。其中最重要的是表元数据，在 AT 模式的很多处理环节中都要用到它。

下面看一下表元数据是如何定义的。

【源码解析】

```java
public class TableMeta {
    // 表名称
    private String tableName;

    // 所有列元数据
```

```java
    private Map<String, ColumnMeta> allColumns = new
LinkedHashMap<>();

    // 所有索引元数据
    private Map<String, IndexMeta> allIndexes = new
LinkedHashMap<>();
    ...
}
```

表元数据主要包括 3 个元素：表名称（tableName）、列元数据映射（allColumns）、索引元数据映射（allIndexes）。

继续深入下去，看看列的元数据包含哪些内容。

【源码解析】

```java
public class ColumnMeta {
    private String tableCat;
    private String tableSchemaName;
    private String tableName;
    private String columnName;
    private int dataType;
    private String dataTypeName;
    private int columnSize;
    private int decimalDigits;
    private int numPrecRadix;
    private int nullAble;
    private String remarks;
    private String columnDef;
    private int sqlDataType;
    private int sqlDatetimeSub;
    private Object charOctetLength;
    private int ordinalPosition;
    private String isNullAble;
    private String isAutoincrement;
    ...
}
```

列的元数据包含的信息比较多，包括列名、列数据类型、列是否允许为空、列是否为自增字段等。在通过数据库工具创建表、添加列时，会指定这些属性。

表还可以创建索引。下面看一下索引包括哪些元数据。

【源码解析】

```java
public class IndexMeta {
    // 列元数据列表
    private List<ColumnMeta> values = new ArrayList<ColumnMeta>();
```

```java
        private boolean nonUnique;
        private String indexQualifier;
        private String indexName;
        private short type;
        private IndexType indextype;
        private String ascOrDesc;
        private int cardinality;
        private int ordinalPosition;
        ...
}
```

索引的元数据包括索引名称、索引类型、索引所包含的列等。

通过 TableMeta、ColumnMeta、IndexMeta，可以看到一个完整的数据库表结构定义。在用 AT 模式处理 SQL 语句时要用到这些信息，可以从 TableRecords 中得到这些信息。

表元数据是怎么获取的呢？首先从缓存中获取，如果在缓存中没有，则从数据库执行查询并生成表元数据。

（1）从缓存中获取表元数据。

AbstractTableMetaCache 类用于实现表元数据的缓存操作。下面看一下该类的 getTableMeta()方法和用到的常量的定义。

【源码解析】

```java
    // 缓存大小
    private static final long CACHE_SIZE = 100000;

    // 失效时间
    private static final long EXPIRE_TIME = 900 * 1000;

    // 创建缓存
    private static final Cache<String, TableMeta> TABLE_META_CACHE =
Caffeine.newBuilder().maximumSize(CACHE_SIZE)
            .expireAfterWrite(EXPIRE_TIME,
TimeUnit.MILLISECONDS).softValues().build();

    ...

    public TableMeta getTableMeta(final Connection connection, final
String tableName, String resourceId) {
        if (StringUtils.isNullOrEmpty(tableName)) {
            throw new IllegalArgumentException("TableMeta cannot be
fetched without tableName");
        }
```

```
            TableMeta tmeta;
            // 获取缓存 Key
            final String key = getCacheKey(connection, tableName,
resourceId);
            // 从缓存中获取表元数据
            tmeta = TABLE_META_CACHE.get(key, mappingFunction -> {
                try {
                    return fetchSchema(connection, tableName);
                } catch (SQLException e) {
                    LOGGER.error("get table meta of the table '{}' error: {}",
tableName, e.getMessage(), e);
                    return null;
                }
            });

            if (tmeta == null) {
                // 表元数据不应该为空，否则抛出异常
                throw new ShouldNeverHappenException(String.format
("[xid:%s]get table meta failed," +
                    " please check whether the table '%s' exists.",
RootContext.getXID(), tableName));
            }
            return tmeta;
        }
```

从上述代码中可以看到，可以通过开源的 Caffeine 的 cache 机制来高效地获取表元数据，缓存大小为 100KB，失效时间为 900s。如果缓存为空或失效，则用 fetchSchema() 方法从数据库中拉取表元数据。

（2）从数据库中获取表元数据。

fetchSchema() 在 AbstractTableMetaCache 类中是一个抽象方法，具体实现与数据库有关。

【源码解析】

```
    // 获取表元数据
    protected abstract TableMeta fetchSchema(Connection connection,
String tableName) throws SQLException;
```

下面再看一下 MySQL 数据库是如何拉取表元数据的。MysqlTableMetaCache.fetchSchema() 方法的具体实现如下。

【源码解析】

```
    protected TableMeta fetchSchema(Connection connection, String
tableName) throws SQLException {
        // 只查询一行
```

```java
        String sql = "SELECT * FROM " + ColumnUtils.addEscape(tableName,
JdbcConstants.MYSQL) + " LIMIT 1";

        try (Statement stmt = connection.createStatement();
            // 执行查询语句，得到结果集
            ResultSet rs = stmt.executeQuery(sql)) {

            // 把结果集的元数据和数据库元数据转为表元数据
            return resultSetMetaToSchema(
                rs.getMetaData(),
                connection.getMetaData());
        } catch (SQLException sqlEx) {
            throw sqlEx;
        } catch (Exception e) {
            throw new SQLException(String.format("Failed to fetch schema of %s", tableName), e);
        }
    }
```

在上方代码中，执行一个查询语句得到结果集，然后通过结果集得到结果集元数据 ResultSetMetaData，接着通过连接得到数据库元数据 DatabaseMetaData（这是 JDBC 本身具备的能力），最后通过这两个元数据生成表元数据。

（3）生成表元数据。

生成表元数据是由 resultSetMetaToSchema() 方法完成的。对于 MySQL，生成表元数据在 MysqlTableMetaCache.resultSetMetaToSchema() 方法中实现，代码如下。

【源码解析】

```java
    private TableMeta resultSetMetaToSchema(ResultSetMetaData rsmd,
DatabaseMetaData dbmd)
        throws SQLException {
        // 获取 schema 名称
        String schemaName = rsmd.getSchemaName(1);
        String catalogName = rsmd.getCatalogName(1);
        String tableName = rsmd.getTableName(1);

        TableMeta tm = new TableMeta();
        tm.setTableName(tableName);

        // 通过数据库元数据得到所有列
        try (ResultSet rsColumns = dbmd.getColumns(catalogName,
schemaName, tableName, "%");
            // 通过数据库元数据得到索引
```

```java
            ResultSet rsIndex = dbmd.getIndexInfo(catalogName,
schemaName, tableName, false, true)) {

        // 遍历所有列
        while (rsColumns.next()) {
        // 生成列元数据
        ColumnMeta col = new ColumnMeta();
        col.setTableCat(rsColumns.getString("TABLE_CAT"));
col.setTableSchemaName(rsColumns.getString("TABLE_SCHEM"));
        col.setTableName(rsColumns.getString("TABLE_NAME"));
        col.setColumnName(rsColumns.getString("COLUMN_NAME"));
        ...
        tm.getAllColumns().put(col.getColumnName(), col);
    }

        // 遍历所有索引
        while (rsIndex.next()) {
        String indexName = rsIndex.getString("INDEX_NAME");
        String colName = rsIndex.getString("COLUMN_NAME");
        ColumnMeta col = tm.getAllColumns().get(colName);

        if (tm.getAllIndexes().containsKey(indexName)) {
            // 得到索引元数据
            IndexMeta index = tm.getAllIndexes().get(indexName);

            // 添加列元数据
            index.getValues().add(col);
        } else {
            // 生成索引元数据
            IndexMeta index = new IndexMeta();
            index.setIndexName(indexName);
            index.setNonUnique(rsIndex
                .getBoolean("NON_UNIQUE"));
            index.setIndexName(rsIndex
                .getString("INDEX_NAME"));
            ...
        }
}
```

上述方法的逻辑比较简单：先利用数据库元数据得到表的列描述信息和索引描述信息，然后给 ColumnMeta 和 IndexMeta 的各个属性赋值。

2. Row

一个 Row 对象表示一行记录。Row 的定义比较简单，它包含多个 Field。

【源码解析】

```java
public class Row implements java.io.Serializable {
```

```
...
// 字段列表
private List<Field> fields = new ArrayList<Field>();
...
}
```

3. Field

一个 Field 对象表示一行记录的一个字段,其定义如下。

【源码解析】

```
public class Field implements java.io.Serializable {
    ...
    // 字段名称
    private String name;

    // 主键类型
    private KeyType keyType = KeyType.NULL;

    // 字段类型
    private int type;

    // 字段值
    private Object value;
    ...
}
```

其中包括字段的名称、字段是否为主键、字段类型,以及字段的值。

以下这段事务日志,表示字段名称为"id"(即列名),是主键,类型为 4,值为 2。

```
{
"@class":"io.seata.rm.datasource.sql.struct.Field",
            "name":"id",
            "keyType":"PRIMARY_KEY",
            "type":4,
            "value":2
}
```

类型的定义可以从 java.sql.Types 中看到。

【源码解析】

```
public class Types {
    ...

    // 整型
    public final static int INTEGER         = 4;
```

```
    // 浮点型
    public final static int FLOAT      =  6;
    // 实型
    public final static int REAL       =  7;

    ...
}
```

有时为了定位问题，需要查看数据库中的事务日志，如果不知道数据类型值的实际含义，则可以查看 java.sql 库中的 Types 定义。上面的"id"字段的类型为 4，表示该列为 INTEGER 类型。

从上面例子中 undoLog 记录 rollback_info 的值可以看到，这是一个 insert 操作，在"orders"表中插入了一行记录。该表有以下字段：id、user_id、product_id、pay_amount、status、last_update_time。

如果发生回滚，则可以从后镜像中得到业务 SQL 语句当时插入行的详细数据，判断当时的数据是否与当前数据一致。如果一致，则可以安全地完成该业务 SQL 语句的回滚。

事务日志的相关处理逻辑，通过事务日志管理器 UndoLogManager 接口完成。3.1.3 节来看一下 UndoLogManager 接口提供哪些功能。

3.1.3　事务日志管理器

事务日志管理器 UndoLogManager 接口定义了事务日志（即 undoLog）处理必需的方法，包括：

- 用于保存事务日志的 flushUndoLogs() 方法。
- 用于二阶段回滚处理的 undo() 方法。
- 用于二阶段回滚处理的删除事务日志的 deleteUndoLog() 方法。
- 用于二阶段提交处理的批量删除事务日志的 batchDeleteUndoLog() 方法。
- 根据创建时间删除事务日志的 deleteUndoLogByLogCreated() 方法。

UndoLogManager 接口的定义如下。

【源码解析】

```
public interface UndoLogManager {
    // flush 事务日志
    void flushUndoLogs(ConnectionProxy cp) throws SQLException;

    // 执行 undo 操作
```

```
    void undo(DataSourceProxy dataSourceProxy, String xid, long
branchId) throws TransactionException;

    // 删除事务日志
    void deleteUndoLog(String xid, long branchId, Connection conn)
throws SQLException;

    // 批量删除事务日志
    void batchDeleteUndoLog(Set<String> xids, Set<Long> branchIds,
Connection conn) throws SQLException;

    // 根据创建时间删除事务日志
    int deleteUndoLogByLogCreated(Date logCreated, int limitRows,
Connection conn) throws SQLException;

}
```

该接口的相关类如图 3-2 所示。

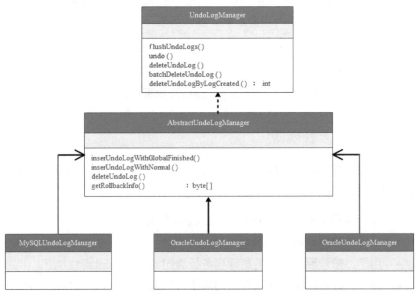

图 3-2

AbstractUndoLogManager 类实现了 flushUndoLogs()、undo()、deleteUndoLog()、batchDeleteUndoLog()这几个对不同数据库通用的方法，也实现了 insertUndoLogWithGlobalFinished()、insertUndoLogWithNormal()这两个抽象方法。这两个抽象方法和 deleteUndoLogByLogCreated()方法与具体数据库相关，由不同数据库的 UndoLogManager 实现类（MySQLUndoLogManager 类、OracleUndoLogManager 类、PostgresqlUndoLogManager 类）实现。

3.2　Seata 的数据源代理

数据源代理是 AT 模式的一个核心组件。Seata 对 java.sql 库中的 DataSource、Connection、Statement、PreparedStatement 这 4 个接口进行了再包装,包装类分别为 DataSourceProxy、ConnectionProxy、StatementProxy、PreparedStatementProxy,如图 3-3 所示。

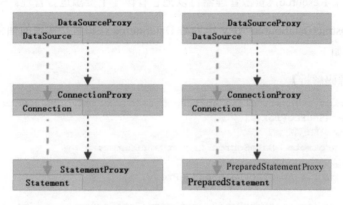

图 3-3

数据源代理的功能是：在 SQL 语句执行前后、事务 commit 或者 rollback 执行前后,进行一些与 Seata 分布式事务相关的操作（例如分支事务注册、分支状态回报、全局锁查询、事务日志插入等）。

下面逐一看一下这几个代理类。

3.2.1　数据源代理类

在 AT 模式中,使用 DataSourceProxy 类创建数据源代理。DataSourceProxy 类代理的数据源就是业务数据库。DataSourceProxy 类的继承结构如图 3-4 所示。

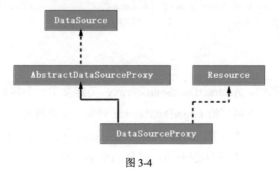

图 3-4

DataSourceProxy 类的父类 AbstractDataSourceProxy 实现了 Datasource 接口，所以，DataSourceProxy 类也是 Datasource 接口的一个实现，这使得 DataSourceProxy 类可以分析要执行的 SQL 语句，以及生成对应的回滚 SQL 语句。

客户端只要把 DataSourceProxy 类注册成默认的 Datasource 接口，就可以拦截业务 SQL 语句，从而进行 AT 模式的相关处理。另外，DataSourceProxy 类实现了 Resource，资源管理器可以把它看作一个资源进行管理。

AbstractDataSourceProxy 作为对 DataSource 接口直接实现的抽象类，其主要实现如下。

【源码解析】

```java
public abstract class AbstractDataSourceProxy implements SeataDataSourceProxy {
    // 目标数据源
    protected DataSource targetDataSource;

    public AbstractDataSourceProxy(){}

    public AbstractDataSourceProxy(DataSource targetDataSource) {
        this.targetDataSource = targetDataSource;
    }

    @Override
    public DataSource getTargetDataSource() {
        return targetDataSource;
    }

    @Override
    public <T> T unwrap(Class<T> iface) throws SQLException {
        return targetDataSource.unwrap(iface);
    }

    @Override
    public boolean isWrapperFor(Class<?> iface) throws SQLException {
        return targetDataSource.isWrapperFor(iface);
    }
    ...
}
```

在上方代码中，AbstractDataSourceProxy 类定义了一个构造方法，要求传入原始的数据源，并赋值给 targetDataSource 对象。该类的其他方法直接调用原始数据源的相应方法（如 targetDataSource.unwrap()方法、targetDataSource.isWrapperFor()方法等）来实现 javax.sql.DataSource 接口。

AbstractDataSourceProxy 类并未实现分布式事务的具体内容，具体内容是在 DataSourceProxy 类中完成的。

下面看一下 DataSourceProxy 类的具体实现。

【源码解析】

```java
// 生成一个新数据源代理
public DataSourceProxy(DataSource targetDataSource,
        String resourceGroupId) {
    // 如果传入的目标数据源已经是 Seata 数据源代理
    if (targetDataSource instanceof SeataDataSourceProxy) {
        LOGGER.info("Unwrap the target data source, because the type is: {}", targetDataSource.getClass().getName());
        // 则将目标数据源设置为数据源代理的目标数据源
        targetDataSource = ((SeataDataSourceProxy)
targetDataSource).getTargetDataSource();
    }

    this.targetDataSource = targetDataSource;

    // 初始化数据源代理
    init(targetDataSource, resourceGroupId);
}

// 初始化数据源代理
private void init(DataSource dataSource, String resourceGroupId) {
    this.resourceGroupId = resourceGroupId;
    try (Connection connection = dataSource.getConnection()) {
        // 保存数据库连接 URL
        jdbcUrl = connection.getMetaData().getURL();

        // 保存数据库类型
        dbType = JdbcUtils.getDbType(jdbcUrl);

        if (JdbcConstants.ORACLE.equals(dbType)) {
            // 如果是 Oralce 数据库，则需要保存用户名
            userName = connection.getMetaData().getUserName();
        }
    } catch (SQLException e) {
        throw new IllegalStateException("can not init dataSource",
            e);
    }

    //注册到资源管理器
    DefaultResourceManager.get().registerResource(this);
    if (ENABLE_TABLE_META_CHECKER_ENABLE) {
        // 用定时任务刷新表元数据缓存
        tableMetaExcutor.scheduleAtFixedRate(() -> {
```

```
            try (Connection connection = dataSource
                .getConnection()) {
                TableMetaCacheFactory.getTableMetaCache(
                    DataSourceProxy.this.getDbType())
                  .refresh(connection, DataSourceProxy.this
                    .getResourceId());
            } catch (Exception ignore) {
            }
        }, 0, TABLE_META_CHECKER_INTERVAL, TimeUnit.MILLISECONDS);
    }
}
```

在上方代码中，构造函数 DataSourceProxy 把原始数据源保存为 targetDataSource，然后调用初始化方法 init()。在 init() 方法中，先用原始数据源创建一个连接；然后用这个连接得到 URL 地址、数据库类型、用户名称等信息；最后把本数据源代理注册到资源管理器 ResourceManager 中。如前面所述，DataSourceProxy 本身就是一个资源，可以由 ResourceManager 管理。

ResourceManager 是 Seata 的一个重要组件，下面分析一下其主要作用。

3.2.2 资源管理器

资源管理器 ResourceManager 接口的相关类如图 3-5 所示。

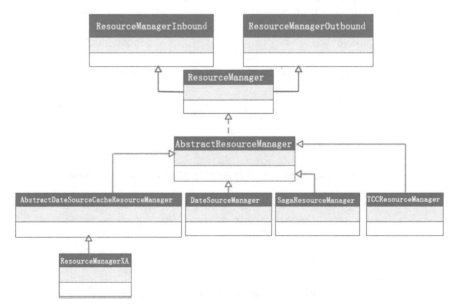

图 3-5

在 AT 模式中，ResourceManager 接口的实现类是 DataSourceManager。在 TCC、Saga、XA 模式中，ResourceManager 接口的实现类分别是 TCCResourceManager、SagaResourceManager、ResourceManagerXA。

ResourceManager 接口的定义如下。

【源码解析】

```java
public interface ResourceManager extends ResourceManagerInbound,
ResourceManagerOutbound {
    // 注册一个资源
    void registerResource(Resource resource);

    // 取消注册一个资源
    void unregisterResource(Resource resource);

    // 获取管理的所有资源
    Map<String, Resource> getManagedResources();

    // 获取分支事务类型，AT、TCC 等
    BranchType getBranchType();
}
```

在上方代码中，ResourceManager 接口定义了 4 个方法：

- 用于注册资源的 registerResource()方法。
- 取消注册资源的 unregisterResource()方法。
- 获取管理的所有资源的 getManagedResources()方法。
- 获取资源类型（AT、TCC、Saga、XA）的 getBranchType()方法。

此外，ResourceManager 接口也继承了 ResourceManagerInbound 和 ResourceManagerOutbound 这两个接口。

1. ResourceManagerInbound 接口

ResourceManagerInbound 接口定义了"对内"的操作——接收事务协调器发来的请求（包括二阶段的分支事务提交请求、二阶段的分支事务回滚请求）。

ResourceManagerInbound 接口的定义如下。

【源码解析】

```java
public interface ResourceManagerInbound {
    // 提交分支事务
    BranchStatus branchCommit(BranchType branchType, String xid, long branchId, String resourceId, String applicationData) throws
```

```
TransactionException;

    // 回滚分支事务
    BranchStatus branchRollback(BranchType branchType, String xid,
long branchId, String resourceId, String applicationData) throws
TransactionException;
}
```

2. ResourceManagerOutbound 接口

ResourceManagerOutbound 接口定义了"对外"的操作——资源管理器主动发到事务协调器的事务处理请求（包括分支事务注册、分支事务状态上报、Seata 锁查询）。

ResourceManagerOutbound 接口的定义如下。

【源码解析】

```
public interface ResourceManagerOutbound {
    // 注册分支事务
    Long branchRegister(BranchType branchType, String resourceId,
String clientId, String xid, String applicationData, String lockKeys)
throws TransactionException;

    // 上报分支状态
    void branchReport(BranchType branchType, String xid, long
branchId, BranchStatus status, String applicationData) throws
TransactionException;

    // 查询全局锁
    boolean lockQuery(BranchType branchType, String resourceId,
String xid, String lockKeys)
        throws TransactionException;
}
```

通过以上接口的定义，能够了解资源管理器与事务协调器的主要交互行为。

下面再分析一下 DataSourceProxy 是如何进行资源注册的。

3. 资源注册

DefaultResourceManager.registerResource()方法的定义如下:

【源码解析】

```
public void registerResource(Resource resource) {
    getResourceManager(resource.getBranchType())
.registerResource(resource);
}
```

在上方代码中包含 3 个操作：用 resource.getBranchType()方法获取分支事务类型，用 getResourceManager()方法获取资源管理器，用 registerResource()方法注册资源。

（1）获取分支事务类型。

Resource.getBranchType()方法用于获取分支事务类型（branchType）。DataSourceProxy 类的 branchType 是 AT 模式。Resource.getBranchType()方法的具体实现如下：

【源码解析】

```
public BranchType getBranchType() {
    // AT 模式分支
    return BranchType.AT;
}
```

（2）获取资源管理器。

DefaultResourceManager.getResourceManager()方法用于获取资源管理器 ResourceManager 对象，其具体实现如下。

【源码解析】

```
public class DefaultResourceManager implements ResourceManager {
    // 资源管理器 Map
    protected static Map<BranchType, ResourceManager>
        resourceManagers = new ConcurrentHashMap<>();

    private DefaultResourceManager() {
        initResourceManagers();
    }

    ...
    // 初始化所有资源管理器
    protected void initResourceManagers() {
        List<ResourceManager> allResourceManagers =
            EnhancedServiceLoader.loadAll(ResourceManager.class);
        if (CollectionUtils.isNotEmpty(allResourceManagers)) {
            for (ResourceManager rm : allResourceManagers) {
                resourceManagers.put(rm.getBranchType(), rm);
            }
        }
    }
    ...
    // 根据分支事务类型获取所有资源管理器
```

```java
public ResourceManager getResourceManager(
BranchType branchType) {
    // 从 Map 中获取资源管理器
    ResourceManager rm = resourceManagers.get(branchType);
    if (rm == null) {
        throw new FrameworkException("No ResourceManager for BranchType:" + branchType.name());
    }
    return rm;
}
```

在上方代码中，ResourceManager 采用了 SPI 机制来加载实现类，加载后将其放在 resourceManagers 这个 Map 中。每个 ResourceManager 对象对应一个分支事务类型 branchType，在获取 ResourceManager 时通过 branchType 从 Map 中将其取出。在 AT 模式中，得到的对象是 DataSourceManager。

（3）注册资源。

DataSourceManager.registerResource()方法用于注册资源，其具体实现如下。

【源码解析】

```java
public class DataSourceManager extends AbstractResourceManager {
...
    // 数据源缓存映射
    private final Map<String, Resource> dataSourceCache = new ConcurrentHashMap<>();

    // 注册资源
    public void registerResource(Resource resource) {
        DataSourceProxy dataSourceProxy = (DataSourceProxy) resource;
        //加入本地缓存
        dataSourceCache.put(dataSourceProxy.getResourceId(), dataSourceProxy);
        // 调用父类注册资源
        super.registerResource(dataSourceProxy);
    }
...
}
```

DataSourceManager 类缓存了数据源代理对象，并调用了父类 AbstractResourceManager 的注册方法 registerResource()。registerResource()的代码如下。

【源码解析】

```
public void registerResource(Resource resource) {
    // 通过 RPC 客户端注册资源
    RmNettyRemotingClient.getInstance().registerResource(
resource.getResourceGroupId(),
resource.getResourceId());
}
```

在上方代码中，通过资源管理器的 RPC 客户端（RmRpcClient 类）将当前资源的资源组 ID 和资源 ID 发送给事务协调器，从而注册当前资源。

事务协调器在收到资源注册请求后，会把客户端连接与资源组 ID 及资源 ID 在内存中建立对应关系。在推进二阶段提交或二阶段回滚操作时，可以根据资源组 ID 及资源 ID，找到相应的客户端连接并发送请求。这种机制保证了二阶段操作的高可用。

通常来说，多个客户端实例会使用相同的资源（一般为关系数据库），即使发起事务的客户端宕机了，只要客户端实例还可用，事务协调器就可以找到可用的客户端连接发送二阶段请求以完成相应分支事务处理。

3.2.3 数据库连接代理

有了数据源代理，还需要通过它创建数据库连接代理，具体实现如下。

1. 创建数据库连接代理

DataSourceProxy.getConnection()方法用于获取数据库连接代理。

【源码解析】

```
public ConnectionProxy getConnection() throws SQLException {
        // 通过目标数据源创建连接，并将其设置为目标连接
        Connection targetConnection =
targetDataSource.getConnection();

        // 通过目标连接构造连接代理
        return new ConnectionProxy(this, targetConnection);
    }

    public ConnectionProxy getConnection(String username,
String password) throws SQLException {
```

```
        // 通过目标数据源创建连接，并将其设置为目标连接
        Connection targetConnection = targetDataSource
.getConnection(username, password);
        // 通过目标连接构造连接代理
        return new ConnectionProxy(this, targetConnection);
    }
```

在上方代码中，通过原始数据源 targetDataSource 对象创建了一个数据库连接，并把它包装为一个数据库连接代理 ConnectionProxy 对象。在后面的数据库连接操作中，通过 ConnectionProxy 对象来进行处理。

2. 本地事务提交

由于业务代码拿到的数据库连接是 ConnectionProxy 对象，所以在提交本地事务时，实际执行的是 ConnectionProxy 类的 commit()方法。

ConnectionProxy.commit()方法的具体实现如下。

【源码解析】

```
public void commit() throws SQLException {
    try {
        // 锁冲突重试
        LOCK_RETRY_POLICY.execute(() -> {
            // 提交本地事务
            doCommit();
            return null;
        });
    } catch (SQLException e) {
        if (targetConnection != null && !getAutoCommit()
            && !getContext().isAutoCommitChanged()) {
            // 回滚本地事务
            rollback();
        }
        throw e;
    } catch (Exception e) {
        throw new SQLException(e);
    }
}
```

这个方法主体处理逻辑在 doCommit() 方法中，但是通过 LOCK_RETRY_POLICY.execute()方法增加了锁冲突重试机制。

（1）锁冲突重试机制。

在 AT 模式中，资源管理器发送创建分支事务请求到服务端，服务端会为

该分支事务所涉及的行（数据库中的数据）进行"加锁"操作。"加锁"是为了防止多个分布式事务并发地修改相同行而造成数据冲突。如果发生数据冲突，则资源管理器会通过 LockRetryPolicy 静态类的 execute()方法进行重试。

LockRetryPolicy 类的具体实现如下。

【源码解析】

```java
public static class LockRetryPolicy {
    // 读取配置，如果是锁冲突，则直接回滚或重试。默认是直接回滚
    protected static final boolean
LOCK_RETRY_POLICY_BRANCH_ROLLBACK_ON_CONFLICT = ConfigurationFactory
        .getInstance().getBoolean(ConfigurationKeys.CLIENT_LOCK_RET
RY_POLICY_BRANCH_ROLLBACK_ON_CONFLICT,
DEFAULT_CLIENT_LOCK_RETRY_POLICY_BRANCH_ROLLBACK_ON_CONFLICT);

    public <T> T execute(Callable<T> callable)
throws Exception {

        // 如果配置规则为：锁冲突则回滚
        if (LOCK_RETRY_POLICY_BRANCH_ROLLBACK_ON_CONFLICT) {
            // 则执行一次，不会重试
            return callable.call();
        } else {
            // 如果锁冲突，则重试
            return doRetryOnLockConflict(callable);
        }
    }

    // 如果锁冲突，则重试
    protected <T> T doRetryOnLockConflict(Callable<T> callable)
throws Exception {

        // 重试控制器
        LockRetryController lockRetryController = new
LockRetryController();

        while (true) {
            try {
                return callable.call();
            } catch (LockConflictException lockConflict) {
                // 异常会被忽略
                onException(lockConflict);
                // 休眠后重试
                lockRetryController.sleep(lockConflict);
            } catch (Exception e) {
                onException(e);
                // 如果是非锁冲突异常，则抛出异常退出循环
```

```
            throw e;
        }
    }
}
```

从以上代码中可以看到,如果配置了锁冲突重试,则会调用 doRetryOnLockConflict()方法。在该方法中,在执行回调方法时,如果捕获到锁冲突异常 LockConflictException,则调用加锁重试控制器 LockRetryController 类的 sleep()方法。LockRetryController.sleep()方法的具体实现如下。

【源码解析】

```
public class LockRetryController {
    public LockRetryController() {
        // 获取锁冲突重试间隔,可配置
        this.lockRetryInternal = getLockRetryInternal();

        // 获取锁冲突重试次数,可配置
        this.lockRetryTimes = getLockRetryTimes();
    }

    public void sleep(Exception e) throws LockWaitTimeoutException {
        if (--lockRetryTimes < 0) {
            // 重试次数用完,抛出锁,等待超时异常
            throw new LockWaitTimeoutException("Global lock wait timeout", e);
        }

        try {
            Thread.sleep(lockRetryInternal);
        } catch (InterruptedException ignore) {
        }
    }
    ...
}
```

在 Sleep()方法中,

- 如果锁冲突重试次数没到达配置值,则等待一个 lockRetryInternal 时间间隔,然后重新注册分支事务。
- 如果锁冲突重试次数到达配置值,则抛出锁,等待超时异常 LockWaitTimeoutException,结束重试。在上层捕获到该异常后,会回滚本地事务,并最终回滚整个分布式事务。

ConnectionProxy.doCommit()方法的具体实现如下。

【源码解析】
```java
private void doCommit() throws SQLException {
    if (context.inGlobalTransaction()) {
        // 分支事务提交
        processGlobalTransactionCommit();
    } else if (context.isGlobalLockRequire()) {
        // 本地事务提交并查询全局锁
        processLocalCommitWithGlobalLocks();
    } else {
        // 本地事务提交
        targetConnection.commit();
    }
}
```

在本地事务提交时，判断该本地事务是否参与了全局事务，有以下几种情况：

- 如果参与了全局事务，则执行 processGlobalTransactionCommit()方法，该方法会进行分支事务提交。
- 如果没参与全局事务，则判断是否有查询全局锁请求。
  - 如果有查询全局锁请求，则执行 processLocalCommitWithGlobalLocks()方法，该方法会查询 Seata 全局锁。
  - 如果没有查询全局锁请求，则执行普通的本地事务提交，即该本地事务与分布式事务没有任何关系。

（2）分支事务提交。

下面深入分析 ConnectionProxy.processGlobalTransactionCommit()方法是如何实现分支事务提交的。

【源码解析】
```java
private void processGlobalTransactionCommit() throws SQLException {
    try {
        //向事务协调器注册分支事务
        register();
    } catch (TransactionException e) {
        recognizeLockKeyConflictException(e,
context.buildLockKeys());
    }

    try {
        //保存事务日志
        UndoLogManagerFactory.getUndoLogManager(
                this.getDbType())
                .flushUndoLogs(this);
```

```java
    //提交本地事务。插入undolog与业务SQL语句在同一个本地事务中
    targetConnection.commit();
} catch (Throwable ex) {
    LOGGER.error("process connectionProxy commit error: {}", ex.getMessage(), ex);
    //向事务协调器上报分支事务状态为"失败"
    report(false);

    // 抛出SQL语句异常
    throw new SQLException(ex);
}

if (IS_REPORT_SUCCESS_ENABLE) {
    //向事务协调器上报分支事务状态为"成功"
    report(true);
}

//重置事务上下文
context.reset();
}
```

在上方代码中，该方法中有几个关键步骤：注册分支事务，保存事务日志，本地事务提交，上报分支事务状态。

（a）注册分支事务。

ConnectionProxy.register()方法用于注册分支事务，其具体实现如下。

【源码解析】

```java
private void register() throws TransactionException {
    // 如果没有事务日志或者没有需要加全局锁的key，则返回
    if (!context.hasUndoLog() || !context.hasLockKey()) {
        return;
    }

    // 分支注册
    Long branchId = DefaultResourceManager.get().
            branchRegister(BranchType.AT, getDataSourceProxy()
                .getResourceId(), null, context.getXid(),
                null, context.buildLockKeys());

    // 设置分支ID到上下文
    context.setBranchId(branchId);
}
```

在上方代码中，通过资源管理器注册分支事务。其中最重要的参数是加锁数据，由context.buildLockKeys()方法实现。具体加锁数据构建机制和服务端加

锁逻辑，在后面章节中会详细介绍。

在注册分支事务成功后，会返回一个分支事务 ID（branchId），并把分支事务 ID 设置在事务上下文中。

AT 模式资源管理器注册分支事务的具体实现在 AbstractResourceManager 类的 branchRegister()方法中，代码如下。

【源码解析】

```java
    public Long branchRegister(BranchType branchType, String resourceId,
String clientId, String xid, String applicationData, String lockKeys)
throws TransactionException {
        try {
            // 初始化分支注册请求
            BranchRegisterRequest request = new BranchRegisterRequest();
            request.setXid(xid);
            request.setLockKey(lockKeys);
            request.setResourceId(resourceId);
            request.setBranchType(branchType);
            request.setApplicationData(applicationData);

            // 同步发送分支注册请求
            BranchRegisterResponse response = (BranchRegisterResponse)
RmNettyRemotingClient.getInstance().sendSyncRequest(request);

            // 如果返回码为失败，则抛出异常
            if (response.getResultCode() == ResultCode.Failed) {
                throw new
RmTransactionException(response.getTransactionExceptionCode(),
String.format("Response[ %s ]", response.getMsg()));
            }

            // 返回分支事务 ID
            return response.getBranchId();
        } catch (TimeoutException toe) {
            // RPC 超时
            throw new RmTransactionException(TransactionExceptionCode.IO,
"RPC Timeout", toe);
        } catch (RuntimeException rex) {
            // 运行时异常
            throw new RmTransactionException(
                    TransactionExceptionCode.BranchRegisterFailed,
                    "Runtime",
                    rex);
        }
    }
```

在上方代码中，构建了一个事务分支注册请求 BranchRegisterRequest 对象，并将其发送到服务端完成分支事务注册。这是一个 RPC 同步调用，由 RmNettyRemotingClient.getInstance().sendSyncRequest()方法完成，并通过响应消息（BranchRegisterResponse 对象）获取分支事务 ID。

（b）保存事务日志。

UndoLogManager.flushUndoLogs()方法会把事务日志插入 undo_log 表中。在 Seata 中把事务日志称为 undoLog。flushUndoLogs() 方法在 AbstractUndoLogManager()类中实现，代码如下。

【源码解析】

```java
public void flushUndoLogs(ConnectionProxy cp) throws SQLException {
    // 获取连接上下文
    ConnectionContext connectionContext = cp.getContext();

    // 如果没有事务日志，则返回
    if (!connectionContext.hasUndoLog()) {
        return;
    }

    String xid = connectionContext.getXid();
    long branchId = connectionContext.getBranchId();

    BranchUndoLog branchUndoLog = new BranchUndoLog();
    branchUndoLog.setXid(xid);
    branchUndoLog.setBranchId(branchId);
    // 设置 SQL undolog
    branchUndoLog.setSqlUndoLogs(
            connectionContext.getUndoItems());

    // 获取事务日志解释器
    UndoLogParser parser = UndoLogParserFactory.getInstance();

    // 将分支事务日志编码为字节数组
    byte[] undoLogContent = parser.encode(branchUndoLog);

    CompressorType compressorType = CompressorType.NONE;
    // 如果需要压缩，则压缩字节数组
    if (needCompress(undoLogContent)) {
        compressorType = ROLLBACK_INFO_COMPRESS_TYPE;
        // 执行压缩算法
        undoLogContent = CompressorFactory.getCompressor(
                compressorType.getCode())
                    .compress(undoLogContent);
    }
```

```
    if (LOGGER.isDebugEnabled()) {
        LOGGER.debug("Flushing UNDO LOG: {}", new String
(undoLogContent, Constants.DEFAULT_CHARSET));
    }

    // 插入事务日志
    insertUndoLogWithNormal(xid, branchId,
        buildContext(parser.getName(), compressorType),
        undoLogContent,
        cp.getTargetConnection());
}
```

在这个方法中，构建了一个 BranchUndoLog 对象，并调用 UndoLogParser.endcode()方法对其序列化。Seata 支持 Fastjson、FST、Jackson、Kryo、Protostuff 这几种主流序列化方式，可以通过配置进行选择。

对序列化后得到的字符数组可以进行压缩，Seata 支持 Bzip2、Gzip、Lz4、Zip 等多种压缩算法，也可以通过配置进行选择。

在压缩后，调用 insertUndoLogWithNormal()方法完成事务日志的插入。

insertUndoLogWithNormal()是一个抽象方法，对应不同的数据库有不同的实现。以 MySQL 为例，insertUndoLogWithNormal() 方法的实现在 MySQLUndoLogManager.insertUndoLogWithNormal()方法中。

【源码解析】

```
protected void insertUndoLogWithNormal(String xid, long branchId,
String rollbackCtx, byte[] undoLogContent, Connection conn) throws
SQLException {
    // 插入事务日志
    insertUndoLog(xid, branchId, rollbackCtx, undoLogContent,
State.Normal, conn);
}
```

在上方代码中直接调用了 insertUndoLog()方法。

MySQLUndoLogManager.insertUndoLog()方法的具体实现如下。

【源码解析】

```
private void insertUndoLog(String xid,
    long branchId,
    String rollbackCtx,
    byte[] undoLogContent,
    State state,
    Connection conn) throws SQLException {
```

```java
    // insert 语句
    try (PreparedStatement pst =
        conn.prepareStatement(INSERT_UNDO_LOG_SQL)) {
      pst.setLong(1, branchId);
      pst.setString(2, xid);
      pst.setString(3, rollbackCtx);
      // 将事务日志存为 Blob 类型
      pst.setBlob(4, BlobUtils.bytes2Blob(undoLogContent));
      pst.setInt(5, state.getValue());

      // 执行插入事务日志语句
      pst.executeUpdate();
    } catch (Exception e) {
      if (!(e instanceof SQLException)) {
        e = new SQLException(e);
      }
      throw (SQLException) e;
    }
}
```

这段代码非常简单，就是常规的数据库插入——把全局事务 ID、分支事务 ID、rollback_info（以 Blob 形式）、状态等字段插入事务日志表中。

在该方法完成后，本地事务提交。由于事务日志插入与业务 SQL 语句执行是在一个本地事务中完成的，所以，只要业务 SQL 语句能正常提交，就一定有一行事务日志，反之则一定没有对应的事务日志。这个机制保证了二阶段回滚的幂等性。

二阶段回滚是以查到事务日志为基础的：只有查到事务日志，才可以进行回滚，并在完成后删除事务日志。

如果资源管理器收到重复的二阶段回滚消息，由于在重复处理该消息时对应的事务日志已经不存在了，所以不会对相同数据进行多次回滚，从而保证了数据的准确性。

（c）本地事务提交。

本地事务提交就是用目标连接提交本地事务（调用 targetConnection.commit()方法）。处理比较简单，在此不再赘述。

（d）上报分支事务状态。

本地事务提交有可能成功，也有可能失败，需要把这个状态汇报给事务协调器。如果本地事务提交失败，则这个分支事务所做的工作并没有"入库"，所以，并不需要对这个分支事务进行二阶段处理。

事务协调器根据分支事务汇报的状态，来决定是否对其进行二阶段处理。

ConnectionProxy.report()方法的具体实现如下。

【源码解析】

```java
private void report(boolean commitDone) throws SQLException {
    // 如果分支事务 ID 为空，则返回
    if (context.getBranchId() == null) {
        return;
    }

    // 默认最大重试次数为 5
    int retry = REPORT_RETRY_COUNT;
    while (retry > 0) {
        try {
            // 上报分支状态
            DefaultResourceManager.get().branchReport(
                BranchType.AT,
                context.getXid(),
                context.getBranchId(),
                commitDone ? BranchStatus.PhaseOne_Done :
BranchStatus.PhaseOne_Failed, null);
            return;
        } catch (Throwable ex) {
            ...
            // 可重试次数减一
            retry--;
            if (retry == 0) {
                throw new SQLException("Failed to report branch status " + commitDone, ex);
            }
        }
    }
}
```

这个方法比较简单，就是调用 ResourceManager 接口的 branchReport()方法。如果失败则重试，重试次数 REPORT_RETRY_COUNT 可配置。AT 模式资源管理器分支事务上报的具体实现在 AbstractResourceManager 类中，见下方代码。

【源码解析】

```java
public void branchReport(BranchType branchType, String xid, long branchId, BranchStatus status, String applicationData) throws TransactionException {
    try {
        // 创建分支上报请求
```

```
            BranchReportRequest request = new BranchReportRequest();
            request.setXid(xid);
            request.setBranchId(branchId);
            request.setStatus(status);
            request.setApplicationData(applicationData);

            // 同步发送分支上报请求
            BranchReportResponse response = (BranchReportResponse)
RmNettyRemotingClient.getInstance().sendSyncRequest(request);

            if (response.getResultCode() == ResultCode.Failed) {
                // 如果返回码为失败，则抛出异常
                throw new RmTransactionException(
                    response.getTransactionExceptionCode(),String
                        .format("Response[ %s ]", response.getMsg()));
            }
        } catch (TimeoutException toe) {
            // 超时异常
            throw new RmTransactionException(TransactionExceptionCode.IO,
"RPC Timeout", toe);
        } catch (RuntimeException rex) {
            // 运行时异常
            throw new RmTransactionException(TransactionExceptionCode.
BranchReportFailed, "Runtime", rex);
        }
    }
```

在上方代码中，构建了一个事务分支上报请求 BranchReportRequest 对象，并将其发送到服务端以完成分支事务状态上报。这是一个 RPC 同步调用，由 RmNettyRemotingClient.getInstance().sendSyncRequest() 方法完成。

下面再看一下 ConnectionProxy.processLocalCommitWithGlobalLocks() 方法是如何处理查询 Seata 全局锁请求的。

（3）查询 Seata 全局锁。

为什么要查询 Seata 全局锁？为了支持"读未提交"以上的隔离级别。

AT 模式的工作机制是：在一阶段加上 Seata 全局锁，提交本地事务，释放数据库锁。这就造成一个问题：在一个分支事务完成后，数据修改已"入库"，但是它可能还处于一个未结束的分布式事务中（即它修改的数据对分布式事务来说是中间数据，有可能会回滚回去）。

这时，另一个分布式事务查询它刚修改的行，就会读到中间数据（即存在"脏读"）。

分布式事务的"脏读",与数据库本地事务的"脏读"有着很大的差别:前者在多数业务中是对业务没有影响的,后者是默认就要避免的。

假设有这样一个分布式事务场景:下单操作是一个分布式事务,它包含两个微服务的调用——创建订单服务和更新库存服务。事务 1 创建了一个订单,更新库存服务还在进行中,这时事务 1 的订单对事务 2 默认是可见的,但这没有什么影响。因为,事务 1 很快就提交或回滚了,短时间的中间状态通常是可接受的。

如果在某些场景下这种中间状态是不可接受的,那该怎么办?比如,另一个分布式事务不断扫描订单表,扫描到就推送广告(姑且不论是否合理)。广告发出去了,但事务 1 回滚了,订单已经自动删除,显然这出现了不一致的状态。

为了避免这种情况,不断扫描订单表的那个分布式事务应该采用"读已提交"隔离级别,这样就能避免"脏读"。"读已提交"的实现方式就是查询 Seata 全局锁。

在本例中,在事务 2 查询订单是否被 Seata 全局锁锁住时,由于事务 1 还没完成,所以订单会被 Seata 全局锁锁住。在"读已提交"隔离级别下,事务 2 会等待 Seata 释放全局锁,这样就可以避免中间状态被读到的问题。

很明显,分布式事务"读"操作采用"读已提交"隔离级别会增加开销,响应时间会变长。在实际业务中,应根据实际场景决定是否选择"读已提交"隔离级别。查询语句默认采用"读未提交"隔离级别。

下面看一下 ConnectionProxy 类的 processLocalCommitWithGlobalLocks() 方法的具体实现。

【源码解析】

```
private void processLocalCommitWithGlobalLocks() throws
```

```
SQLException {
    // 检查 Seata 全局锁
    checkLock(context.buildLockKeys());

    try {
        // 提交本地事务
        targetConnection.commit();
    } catch (Throwable ex) {
        throw new SQLException(ex);
    }

    //重置上下文
    context.reset();
}
```

在这个方法中,先调用 checkLock()方法检查全局锁,然后提交本地事务,最后重置数据库连接上下文。

下面再看一下 checkLock()方法的具体实现。

【源码解析】

```
public void checkLock(String lockKeys) throws SQLException {
    // 如果加锁数据为空,则返回
    if (StringUtils.isBlank(lockKeys)) {
        return;
    }

    try {
        // 检查 Seata 全局锁
        boolean lockable = DefaultResourceManager.get().
            lockQuery(BranchType.AT,
            getDataSourceProxy().getResourceId(),
            context.getXid(),
            lockKeys);

        // 如果锁已经占用,则抛出锁冲突异常
        if (!lockable) {
            throw new LockConflictException();
        }
    } catch (TransactionException e) {
        recognizeLockKeyConflictException(e, lockKeys);
    }
}
```

checkLock()方法调用 ResourceManager 对象的 lockQuery()方法检查锁,如果锁处于占用状态,则抛出锁冲突异常 LockConflictException。对于锁冲突异常,可以选择重试或失败返回。

lockQuery() 方法的主要逻辑是：先构建了一个 GlobalLockQueryRequest 对象，然后通过 RmNettyRemotingClient.getInstance().sendSyncRequest() 方法将该对象发送到事务协调器，等待响应。

3.2.4 StatementProxy 与 PreparedStatementProxy

在 JDBC 中，Statement 对象是用来执行 SQL 语句的；PreparedStatement 是预编译的 Statement 对象，是 Statement 的子接口。

Statement 和 PreparedStatement 的主要区别是：

- Statement 用于执行静态 SQL 语句。在执行时，需要指定一个事先准备好的 SQL 语句。
- PreparedStatement 是预编译的 SQL 语句对象。这种 SQL 语句代表某一类操作，语句中可以包含动态参数 "?"，在执行时可以为 "?" 动态设置参数值。
- 在使用 PreparedStatement 对象执行 SQL 语句时，SQL 语句先被数据库解析和编译，然后被放到命令缓冲区中。每次执行同一个 PreparedStatement 对象，SQL 语句会被解析一次，但不会被再次编译。在缓冲区中有预编译的命令，并且可以重用。
- PreparedStatement 对象可以减少编译次数，提高数据库性能。
- PreparedStatement 对象有更好的安全性。

下面进行一个简单的对比。

（1）用 Statement 对象插入 100 条记录。

【源码解析】

```
Statement stmt = conn.createStatement() {
    //用100条SQL 语句插入100条记录
    for(int i = 0;i < 100;i++) {
        stmt.executeUpdate("insert into students values('name" + i + "',100)");
    }
}
```

（2）用 PreparedStatement 对象插入 100 条记录。

【源码解析】

```
PreparedStatement pstmt = conn,getPreparedStatement("insert into
students values(?, 100)") {
    //设置参数是 100 次传入参数，而不是 100 次传入 SQL 语句
    for(int i = 0;i < 100;i++) {
        pstmt.setString(1, "name" + i);
    }

    //执行
    pstmt.executeUpdate();
}
```

运行以上的代码可以发现，用 PreparedStatement 对象插入 100 条记录所用的时间，比用 Statement 插入 100 条记录所用的时间少很多。在实际业务中，应根据不同场景选择 Statement 或 PreparedStatement。

在 AT 模式中，在 AbstractConnectionProxy 类中有多个方法可以创建 Statement 对象，并把它包装成 StatementProxy 对象；同样，有多个方法可以创建 PreparedStatement 对象，并把它包装成 PreparedStatementProxy 对象，具体代码如下所示。

【源码解析】

```
public PreparedStatement prepareStatement(String sql) throws
SQLException {
    ...
    if (targetPreparedStatement == null) {
        // 创建 PreparedStatement 对象
        targetPreparedStatement =
getTargetConnection().prepareStatement(sql);
    }

    // 包装成 PreparedStatementProxy 对象
    return new PreparedStatementProxy(
        this,
        targetPreparedStatement,
        sql);
}

public PreparedStatement prepareStatement(String sql, int
resultSetType, int resultSetConcurrency)
        throws SQLException {
    // 创建 PreparedStatement 对象
    PreparedStatement preparedStatement =
        targetConnection.prepareStatement(
            sql,
```

```
                resultSetType,
                resultSetConcurrency);

    // 包装成 PreparedStatementProxy 对象
    return new PreparedStatementProxy(
            this,
            preparedStatement,
            sql);
}
...
```

在这些方法中，都是先用原始的数据库连接创建出 PreparedStatement 对象，再用 PreparedStatementProxy(AbstractConnectionProxy connectionProxy, PreparedStatement targetStatement, String targetSQL) 这个构造函数生成 PreparedStatement 代理对象。

对于 Statement 代理对象，也是用类似的方式创建 StatementProxy 的，在此不做赘述。

PreparedStatementProxy 的相关类如图 3-6 所示。

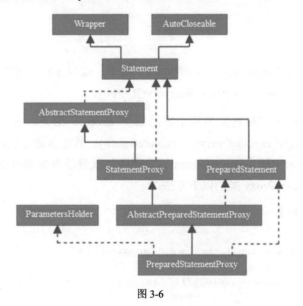

图 3-6

从图 3-6 中可以看出，StatementProxy 类继承了 AbstractStatementProxy 类；AbstractStatementProxy 类实现了 Statement 接口；PreparedStatementProxy 继承了 AbstractPreparedStatementProxy 类；AbstractPreparedStatementProxy 类继承了

StatementProxy 类，并实现了 PreparedStatement 接口。

1. AbstractStatementProxy 类

AbstractStatementProxy 类的具体实现如下。

【源码解析】

```
public abstract class AbstractStatementProxy<T extends Statement>
implements Statement {

    protected AbstractConnectionProxy connectionProxy;

    //原始Statement对象
    protected T targetStatement;

    //原始SQL语句
    protected String targetSQL;

    public AbstractStatementProxy(AbstractConnectionProxy
connectionProxy, T targetStatement, String targetSQL)
        throws SQLException {
        this.connectionProxy = connectionProxy;
        this.targetStatement = targetStatement;
        this.targetSQL = targetSQL;
    }
```

在 AbstractStatementProxy 类的构造函数中，除包含被代理的 Statement 对象外，还包含 ConnectionProxy 和原始 SQL 语句。

Statement 接口最重要的几个方法都与 execute 相关，包括 execute()、executeUpdate()、executeQuery()、executeBatch()。其他多数方法都是直接通过目标 Statement（即 targetStatement）实现的，代理没有做额外的工作。例如 AbstractStatementProxy 类的以下方法。

【源码解析】

```
@Override
public void close() throws SQLException {
    // 通过目标Statement实现
    targetStatement.close();
}

@Override
public int getMaxFieldSize() throws SQLException {
// 通过目标Statement实现
    return targetStatement.getMaxFieldSize();
}
```

```java
@Override
public void setMaxFieldSize(int max) throws SQLException {
    // 通过目标 Statement 实现
    targetStatement.setMaxFieldSize(max);
}

@Override
public int getMaxRows() throws SQLException {
    // 通过目标 Statement 实现
    return targetStatement.getMaxRows();
}

@Override
public void setMaxRows(int max) throws SQLException {
    // 通过目标 Statement 实现
    targetStatement.setMaxRows(max);
}
...
```

2. StatementProxy 类

StatementProxy 类是如何实现 execute()、executeUpdate()、executeQuery()、executeBatch()这些关键方法的呢？代码如下。

【源码解析】

```java
@Override
public ResultSet executeQuery(String sql) throws SQLException {
    this.targetSQL = sql;
    // 通过执行模板类的 execute()方法实现
    return ExecuteTemplate.execute(this, (statement, args) ->
statement.executeQuery((String) args[0]), sql);
}

@Override
public int executeUpdate(String sql) throws SQLException {
    this.targetSQL = sql;
    // 通过执行模板类的 execute()方法实现
    return ExecuteTemplate.execute(this, (statement, args) ->
statement.executeUpdate((String) args[0]), sql);
}

@Override
public boolean execute(String sql) throws SQLException {
    this.targetSQL = sql;
    // 通过执行模板类的 execute()方法实现
```

```
        return ExecuteTemplate.execute(this, (statement, args) ->
statement.execute((String) args[0]), sql);
    }

    ...

    @Override
    public int[] executeBatch() throws SQLException {
        // 通过执行模板类的 execute()方法实现
        return ExecuteTemplate.execute(this, (statement, args) ->
statement.executeBatch());
    }
```

可以看到,这些方法(执行、更新、查询、跑批)的真正实现都是通过执行模板类 ExecuteTemplate 的 execute()方法实现的。

PreparedStatementProxy 类的 execute()、executeUpdate()、executeQuery()这 3 个方法也同样是用执行模板类的 execute()方法实现的。

【源码解析】

```
    @Override
    public boolean execute() throws SQLException {
        // 通过执行模板类的 execute()方法实现
        return ExecuteTemplate.execute(this, (statement, args) ->
statement.execute());
    }

    @Override
    public ResultSet executeQuery() throws SQLException {
        // 通过执行模板类的 execute()方法实现
        return ExecuteTemplate.execute(this, (statement, args) ->
statement.executeQuery());
    }

    @Override
    public int executeUpdate() throws SQLException {
        // 通过执行模板类的 execute()方法实现
        return ExecuteTemplate.execute(this, (statement, args) ->
statement.executeUpdate());
    }
```

3. 执行模板类

下面分析执行模板 ExecuteTemplate 类的 execute()方法做了哪些工作。

【源码解析】

```
    public static <T, S extends Statement> T execute(
```

```java
    List<SQLRecognizer> sqlRecognizers,
    StatementProxy<S> statementProxy,
    StatementCallback<T, S> statementCallback,
    Object... args)
    throws SQLException {
    // 如果不检查全局锁并且不是 AT 分支
    if (!RootContext.requireGlobalLock()
        && BranchType.AT != RootContext.getBranchType()) {
        // 则执行目标 Statement
        return statementCallback.execute(
            statementProxy.getTargetStatement(), args);
    }

    // 得到数据库类型
    String dbType = statementProxy.getConnectionProxy()
        .getDbType();

    if (CollectionUtils.isEmpty(sqlRecognizers)) {
        // 获取 sqlRecognizers
        sqlRecognizers = SQLVisitorFactory.get(
                statementProxy.getTargetSQL(),
                dbType);
    }
    Executor<T> executor;
    if (CollectionUtils.isEmpty(sqlRecognizers)) {
        // 生成简单执行器
        executor = new PlainExecutor<>(
            statementProxy, statementCallback);
    } else {
        if (sqlRecognizers.size() == 1) {
            SQLRecognizer sqlRecognizer = sqlRecognizers.get(0);
            switch (sqlRecognizer.getSQLType()) {
                case INSERT:
                    // 加载 insert 执行器
                    executor = EnhancedServiceLoader.load(
                        InsertExecutor.class,
                        dbType,
                        new Class[]{StatementProxy.class,
                            StatementCallback.class,
                            SQLRecognizer.class},
                        new Object[]{statementProxy,
                            statementCallback,
                            sqlRecognizer});
                    break;
                case UPDATE:
                    // 加载 update 执行器
                    executor = new UpdateExecutor<>(
                        statementProxy,
                        statementCallback,
```

```
                    sqlRecognizer);
                break;
            case DELETE:
                // 加载delete执行器
                executor = new DeleteExecutor<>(
                    statementProxy,
                    statementCallback,
                    sqlRecognizer);
                break;
            case SELECT_FOR_UPDATE:
                // 加载select … for update执行器
                executor = new SelectForUpdateExecutor<>(
                    statementProxy,
                    statementCallback,
                    sqlRecognizer);
                break;
            default:
                // 加载简单执行器
                executor = new PlainExecutor<>(
                    statementProxy,
                    statementCallback);
                break;
        }
    } else {
        // 多执行器
        executor = new MultiExecutor<>(
            statementProxy,
            statementCallback,
            sqlRecognizers);
    }
}

T rs;
try {
    // 通过执行器执行
    rs = executor.execute(args);
} catch (Throwable ex) {
    if (!(ex instanceof SQLException)) {
        // 转为SQLException
        ex = new SQLException(ex);
    }
    throw (SQLException) ex;
}
return rs;
}
```

这个方法的主要逻辑是：如果这个 SQL 语句不在分布式事务中，并且也没有查询 Seata 全局锁的要求，则不需要将其纳入 Seata 框架下进行处理，用原始的 Statement 方法直接处理即可；如果这个 SQL 语句在分布式事务中，则将其纳入 Seata 框架进行处理，并根据不同 SQL 语句类型选用不同的执行器来执行。

Seata 框架处理的 SQL 语句包括 insert、update、delete、select ... for update。

> 普通的 select 语句用原始的 Statement()方法直接处理，而 select ... for update 语句需要查询 Seata 的全局锁，它默认工作在"读已提交"隔离级别。

执行器有一个重要的参数——SQLRecognizer（即 SQL 识别器）。下面分别看一下 SQL 识别器和 SQL 执行器。

（1）SQL 识别器。

SQL 识别器 SQLRecognizer 的接口定义如下。

【源码解析】

```
public interface SQLRecognizer {
    // 获取 SQL 语句的类型
    SQLType getSQLType();

    // 获取表别名
    String getTableAlias();

    // 获取表名
    String getTableName();

    // 获取原始 SQL 语句
    String getOriginalSQL();
}
```

与这个接口相关的几个类如图 3-7 所示。

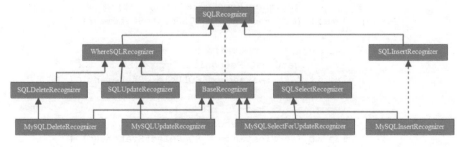

图 3-7

SQLRecognizer 对象是通过 Druid SQL 识别器工厂创建的，其代码如下。

【源码解析】

```
class DruidSQLRecognizerFactoryImpl implements
   SQLRecognizerFactory {
   public List<SQLRecognizer> create(String sql, String dbType) {
      // 解释 Statement
      List<SQLStatement> asts = SQLUtils.parseStatements(sql,
         dbType);
      if (CollectionUtils.isEmpty(asts)) {
         // 当前不支持的 SQL 语句
         throw new UnsupportedOperationException(
            "Unsupported SQL: " + sql);
      }

      if (asts.size() > 1 && !(asts.stream().allMatch(
         statement -> statement instanceof SQLUpdateStatement)
            || asts.stream().allMatch(statement ->
               statement instanceof SQLDeleteStatement))) {
         // 当前不支持的 SQL 语句
         throw new UnsupportedOperationException(
            "ONLY SUPPORT SAME TYPE (UPDATE OR DELETE) MULTI SQL -"
            + sql);
      }

      List<SQLRecognizer> recognizers = null;
      SQLRecognizer recognizer = null;
      for (SQLStatement ast : asts) {
         SQLOperateRecognizerHolder recognizerHolder =
            SQLOperateRecognizerHolderFactory
               .getSQLRecognizerHolder(
                  dbType.toLowerCase());
         // SQL 为 insert
         if (ast instanceof SQLInsertStatement) {
            // insert 识别器
            recognizer = recognizerHolder
               .getInsertRecognizer(sql, ast);
         } else if (ast instanceof SQLUpdateStatement) {
            // update 识别器
            recognizer = recognizerHolder
               .getUpdateRecognizer(sql, ast);
         } else if (ast instanceof SQLDeleteStatement) {
            // delete 识别器
            recognizer = recognizerHolder
               .getDeleteRecognizer(sql, ast);
         } else if (ast instanceof SQLSelectStatement) {
            // select ... for update 识别器
            recognizer = recognizerHolder
```

```
                    .getSelectForUpdateRecognizer(sql, ast);
        }
        if (recognizer != null) {
            if (recognizers == null) {
                recognizers = new ArrayList<>();
            }
            recognizers.add(recognizer);
        }
    }
    return recognizers;
}
```

在 Create()方法中,根据 SQL 语句类型生成不同的 SQL 识别器对象。以 MySQL 数据库为例,insert 语句生成 MySQLInsertRecognizer 对象,update 语句生成 MySQLUpdateRecognizer 对象,delete 语句生成 MySQLDeleteRecognizer 对象,select… for update 语句生成 MySQLSelectFor UpdateRecognizer 对象。

这些 SQL 识别器都要借助于用开源 Druid 库生成的抽象语法树 AST,由 com.alibaba.druid.sql.SQLUtils.parscStatements()方法生成,该方法会把传入的 SQL 语句解析成 SQLStatement 对象集合,每一个 SQLStatement 对象代表一条完整的 SQL 语句。

常见的 SQL 语句有 CRUD 四种操作(增加、删除、修改、查询),相应的 SQLStatement 有四种实现类。

【源码解析】

```
class SQLSelectStatement implements SQLStatement {
    SQLSelect select;
}

class SQLUpdateStatement implements SQLStatement {
    SQLExprTableSource tableSource;
    List<SQLUpdateSetItem> items;
    SQLExpr where;
}

class SQLDeleteStatement implements SQLStatement {
    SQLTableSource tableSource;
    SQLExpr where;
}

class SQLInsertStatement implements SQLStatement {
    SQLExprTableSource tableSource;
```

```
    List<SQLExpr> columns;
    SQLSelect query;
}
```

SQLStatement()作为一个参数被传入 SQL 识别器的构造函数，例如 MySQLUpdateRecognizer 类的构造函数。

【源码解析】

```java
public MySQLUpdateRecognizer(String originalSQL,
SQLStatement ast) {
    super(originalSQL);
    this.ast = (MySqlUpdateStatement)ast;
}
```

SQLRecognizer 接口的各个方法实现主要是基于传入的 AST 完成的。

Seata AT 模式使用了 Druid 的解析器解析 SQL 语句。Druid 是一个比较成熟、稳定的库，在此感谢 Druid 的作者和开源社区。

（2）SQL 执行器。

执行器 Executor 接口的相关类如图 3-8 所示。

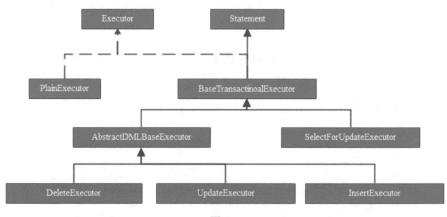

图 3-8

Executor 接口的 execute()方法的具体实现在 BaseTransactionalExecutor 类中。

【源码解析】

```java
public T execute(Object... args) throws Throwable {
    String xid = RootContext.getXID();

    if (xid != null) {
        // 连接代理绑定全局事务 ID
        statementProxy.getConnectionProxy().bind(xid);
```

```
    }
    statementProxy.getConnectionProxy().
        setGlobalLockRequire(RootContext.requireGlobalLock());
    // 执行
    return doExecute(args);
}
```

execute()方法比较简单。如果处于分布式事务中,则它会绑定全局事务 ID；如果需要查询 Seata 全局锁,则在连接上下文中设置需要查询 Seata 全局锁的标识,最后执行 doExecute()方法。

doExecute()方法在 AbstractDMLBaseExecutor 类中,该类继承了 BaseTransactionalExecutor 类。代码如下。

【源码解析】

```
public T doExecute(Object... args) throws Throwable {
    // 获取连接代理
    AbstractConnectionProxy connectionProxy =
        statementProxy.getConnectionProxy();

    if (connectionProxy.getAutoCommit()) {
        // autocommit 为 true
        return executeAutoCommitTrue(args);
    } else {
        // autocommit 为 false
        return executeAutoCommitFalse(args);
    }
}
```

在 doExecute()方法中,先获取具体的连接代理对象 connectionProxy,然后根据该连接上的 autocommit 状态是 1（true）还是 0（false）,选择执行 executeAutoCommitTrue()方法或 executeAutoCommitFalse()方法。

executeAutoCommitTrue()和 executeAutoCommitFalse()这两个方法,表示"在 autocommit=1 情况下对 SQL 语句的执行"和"在 autocommit=0 情况下对 SQL 语句的执行"。

autocommit 默认为 true,即每一条语句都处于一个单独的事务中。在这条语句执行完毕后,如果执行成功,则隐式地提交事务；如果执行失败,则隐式地回滚事务。

如果关闭自动提交（即把 autocommit 设置为 false）,则事务在用户执行 commit 命令时提交。

这里的 autocommit 指数据库本地事务，与分布式事务无关。

下面看一下 AbstractDMLBaseExecutor 类的 executeAutoCommitTrue() 方法。

【源码解析】

```java
protected T executeAutoCommitTrue(Object[] args)
throws Throwable {

    // 获得连接代理
    ConnectionProxy connectionProxy = statementProxy.getConnectionProxy();

    try {
        // 将 autocommit 设置为 false
        connectionProxy.changeAutoCommit();
        return new LockRetryPolicy(connectionProxy).execute(() -> {
            // 执行 autocommit 为 false 的逻辑
            T result = executeAutoCommitFalse(args);

            // 分支事务提交
            connectionProxy.commit();
            return result;
        });
    } catch (Exception e) {
        ...
        if (!LockRetryPolicy.isLockRetryPolicyBranchRollbackOnConflict()) {
            // 回滚本地事务
            connectionProxy.getTargetConnection().rollback();
        }
        throw e;
    } finally {
        // 重置连接上下文
        connectionProxy.getContext().reset();

        // autocommit 设置为 true
        connectionProxy.setAutoCommit(true);
    }
}
```

在上方代码中，先把 autocommit 设置为 false，然后调用 executeCommitFalse() 方法，并通过 LockRetryPolicy 静态类的 execute() 方法控制重试。LockRetryPolicy 类对于加锁冲突的重试机制在 3.2.3 节已介绍。在 executeCommitFalse() 方法完

成后，提交本地事务。

为什么要把 autocommit 设置为 false 呢？在原始的业务逻辑中，单条 SQL 语句就是一个本地事务；但在 AT 模式中，要生成并执行一些额外的 SQL 语句（包括查询前镜像、查询后镜像、插入事务日志），这些 SQL 语句只有与原始 SQL 语句在一个本地事务中才能保证数据的准确性，所以只能"悄悄地"把 autocommit 从 1 改成 0。

executeAutoCommitTrue()方法最终还需要调用 executeAutoCommitFalse()方法，所以，下面来看一下 executeAutoCommitFalse()方法是如何实现的。

【源码解析】

```
protected T executeAutoCommitFalse(Object[] args)
    throws Exception {
    if (!JdbcConstants.MYSQL.equalsIgnoreCase(
        getDbType()) && isMultiPk()) {
        // 除MySQL外，其他数据库暂不支持多主键
        throw new NotSupportYetException("multi pk only support mysql!");
    }

    // 生成前镜像
    TableRecords beforeImage = beforeImage();

    // 执行原始SQL语句
    T result = statementCallback.execute(
        statementProxy.getTargetStatement(),
        args);

    // 生成后镜像
    TableRecords afterImage = afterImage(beforeImage);

    //准备事务日志
    prepareUndoLog(beforeImage, afterImage);
    return result;
}
```

这段代码比较简短，但却做了很多关键工作，具体如下。

首先，判断原始 SQL 语句所操作的表是否包含多个主键。目前只有 MySQL 数据库支持多个主键。对于 Oracle、PostgreSQL 等其他数据库，如果表存在多主键，则不允许使用 AT 模式（可以用 TCC、Saga 或 XA 模式）。

然后,该方法完成了以下重要工作:(a)生成前镜像;(b)执行原始 SQL 语句;(c)生成后镜像;(d)准备事务日志。

(a)生成前镜像。

对于 insert 语句来说,前镜像是空的。update 与 delete 语句在如何取得前镜像方面是类似的,下面以 update 语句为例进行介绍。

UpdateExecutor 类的 beforeImage()方法如下。

【源码解析】

```
protected TableRecords beforeImage() throws SQLException {
    ArrayList<List<Object>> paramAppenderList = new ArrayList<>();

    // 获取表元数据
    TableMeta tmeta = getTableMeta();

    // 构建查前镜像的 select 语句
    String selectSQL = buildBeforeImageSQL(tmeta,
        paramAppenderList);

    // 构建记录集
    return buildTableRecords(tmeta, selectSQL, paramAppenderList);
}
```

在这个方法中,首先获取表元数据 TableMeta(在 3.1.2 节介绍了其原理);接着,调用 buildBeforeImageSQL()方法构建一个用于查询前镜像的 SQL 语句,并把参数放到 paramAppenderList 列表中;然后,调用 buildTableRecords()方法执行查询语句得到前镜像。

说明:前镜像、后镜像都被存放在 TableRecords 对象中(3.1.2 节有介绍)。

下面再分析 UpdateExecutor 类的 buildBeforeImageSQL()方法是如何实现的。

【源码解析】

```
private String buildBeforeImageSQL(TableMeta tableMeta,
    ArrayList<List<Object>> paramAppenderList) {
    // update SQL 识别器
    SQLUpdateRecognizer recognizer = (SQLUpdateRecognizer)
        sqlRecognizer;

    // 获取更新了哪些列
    List<String> updateColumns = recognizer.getUpdateColumns();

    // 构建查询语句
    StringBuilder prefix = new StringBuilder("SELECT ");
```

```java
StringBuilder suffix = new StringBuilder(
    " FROM ").append(getFromTableInSQL());

// 构建 where 语句
String whereCondition = buildWhereCondition(recognizer,
    paramAppenderList);
if (StringUtils.isNotBlank(whereCondition)) {
    suffix.append(WHERE).append(whereCondition);
}

// 构建 order by 语句
String orderBy = recognizer.getOrderBy();
if (StringUtils.isNotBlank(orderBy)) {
    suffix.append(orderBy);
}

ParametersHolder parametersHolder = statementProxy instanceof
ParametersHolder ? (ParametersHolder)statementProxy : null;

// 构建 limit 语句
String limit = recognizer.getLimit(parametersHolder,
    paramAppenderList);
if (StringUtils.isNotBlank(limit)) {
    suffix.append(limit);
}

// 在构建前镜像时,必须确保在本地事务提交前修改的行不能被别的事务改变
// 构建的 SQL 语句为: select ... for update
suffix.append(" FOR UPDATE");
StringJoiner selectSQLJoin = new StringJoiner(", ",
    prefix.toString(), suffix.toString());
if (ONLY_CARE_UPDATE_COLUMNS) {
    // 只关注更新的列
    if (!containsPK(updateColumns)) {
        selectSQLJoin.add(getColumnNamesInSQL(
            tableMeta.getEscapePkNameList(getDbType())));
    }
    for (String columnName : updateColumns) {
        selectSQLJoin.add(columnName);
    }
} else {
    // 关注所有列
    for (String columnName : tableMeta.getAllColumns()
        .keySet()) {
        selectSQLJoin.add(ColumnUtils.addEscape(
            columnName,
            getDbType()));
    }
}
```

```
        return selectSQLJoin.toString();
}
```

在该方法中,通过 SQLUpdateRecognizer 类的 getUpdateColumns()方法获取更新了哪些列;通过 buildWhereCondition()方法构建 where 子句,其内部实现是通过 SQLUpdateRecognizer 类来完成的。通过 SQLUpdateRecognizer 类的 getOrderBy()方法构建 order by 子句;通过 SQLUpdateRecognizer 类的 getLimit()方法构建 limit。根据这些信息拼接出一个类似 "select ... from ... where ... order by ... limit ... for update"的 SQL 语句,并把参数放在 paramAppenderList 列表中。

接下来,执行 buildTableRecords()方法生成 TableRecords 对象。

buildTableRecords()方法的具体实现如下。

【源码解析】

```
protected TableRecords buildTableRecords(TableMeta tableMeta,
    String selectSQL,
    ArrayList<List<Object>> paramAppenderList)
    throws SQLException {
    ResultSet rs = null;
    try (PreparedStatement ps = statementProxy
        .getConnection().prepareStatement(selectSQL)) {
        // 设置参数
        if (CollectionUtils.isNotEmpty(paramAppenderList)) {
            // 循环处理所有参数
            for (int i = 0, ts = paramAppenderList.size();
                i < ts; i++) {
                List<Object> paramAppender =
                    paramAppenderList.get(i);
                for (int j = 0, ds = paramAppender.size();
                    j < ds; j++) {
                    ps.setObject(i * ds + j + 1,
                        paramAppender.get(j));
                }
            }
        }

        // 执行查询
        rs = ps.executeQuery();

        // 根据表元数据和结果集构建表记录
        return TableRecords.buildRecords(tableMeta, rs);
    } finally {
        IOUtil.close(rs);
    }
}
```

上述代码比较简单：首先，基于上面生成的 select 语句创建一个 PreparedStatement 对象；然后，把 paramAppenderList 列表中的值设为 PreparedStatement 对象中的参数；接着，执行 PreparedStatement 对象的 executeQuery()方法得到结果集；最后，执行 TableRecords.buildRecords()方法把结果集转为 TableRecords。至此，前镜像生成了。

（b）执行原始 SQL 语句。

用目标 statement 执行原始 SQL 语句的代码比较简单，在此不做详细说明。

（c）生成后镜像。

后镜像的生成与前镜像的生成类似。对于 delete 语句，后镜像是空的。Update 与 insert 语句在如何取得后镜像方面是类似的。下面以 insert 语句为例进行介绍。

BaseInsertExecutor 类的 afterImage()方法如下。

【源码解析】

```java
protected TableRecords afterImage(TableRecords beforeImage)
    throws SQLException {

    // 获取修改行的主键值
    Map<String, List<Object>> pkValues = getPkValues();

    // 根据主键值构建后镜像
    TableRecords afterImage = buildTableRecords(pkValues);

    if (afterImage == null) {
        throw new SQLException("Failed to build after-image for insert");
    }
    return afterImage;
}
```

在这个方法中，首先调用 getPkValues()方法构建所插入行的主键与值的对应关系，然后调用 buildTableRecords()方法生成后镜像。

getPkValues()方法比较容易理解。下面分析 buildTableRecords()方法的代码。

【源码解析】

```java
protected TableRecords buildTableRecords(Map<String,
    List<Object>> pkValuesMap) throws SQLException {

    // 根据表元数据得到主键列名
```

```java
        List<String> pkColumnNameList =
getTableMeta().getPrimaryKeyOnlyName();

    // 构建后镜像查询语句
    StringBuilder sql = new StringBuilder()
        .append("SELECT * FROM ")
        .append(getFromTableInSQL())
        .append(" WHERE ");

    String firstKey = pkValuesMap.keySet()
        .stream().findFirst().get();
    int rowSize = pkValuesMap.get(firstKey).size();

    // 构建 where 语句
    sql.append(SqlGenerateUtils.buildWhereConditionByPKs(
        pkColumnNameList,
        rowSize,
        getDbType()));

    PreparedStatement ps = null;
    ResultSet rs = null;
    try {
        ps = statementProxy.getConnection().prepareStatement(
            sql.toString());

        int paramIndex = 1;
        // 遍历所有行
        for (int r = 0; r < rowSize; r++) {
            // 遍历所有主键列
            for (int c = 0; c < pkColumnNameList.size(); c++) {
                List<Object> pkColumnValueList = pkValuesMap
                    .get(pkColumnNameList.get(c));

                // 得到列的数据类型
                int dataType = tableMeta.getColumnMeta(
                    pkColumnNameList.get(c)).getDataType();

                // 设置值
                ps.setObject(paramIndex,
                    pkColumnValueList.get(r),
                    dataType);
                paramIndex++;
            }
        }

        // 执行查询
        rs = ps.executeQuery();

        // 根据表元数据和结果集构建表记录
        return TableRecords.buildRecords(getTableMeta(), rs);
```

```
    } finally {
        IOUtil.close(rs);
    }
}
```

假设往 "account" 表中插入了两行记录,"account" 表的主键为 "ID",插入的两行记录的 ID 分别为 100 和 101,则这个方法中:

首先构建了一条 SQL 语句 "select * from account where id in (?, ?)"。

然后,基于这个 SQL 语句创建一个 PreparedStatement 对象,两个 "?" 值分别被设置为 100 和 101。

接着,执行 PreparedStatement 对象的 executeQuery() 方法得到结果集。

最后,执行 TableRecords.buildRecords() 方法把结果集转为 TableRecords。至此,后镜像生成了。

(d) 准备事务日志。

下面看一下 BaseTransactionalExecutor 类的 prepareUndoLog() 方法。

【源码解析】

```
protected void prepareUndoLog(TableRecords beforeImage,
TableRecords afterImage) throws SQLException {
    // 如果前镜像和后镜像都为空,则返回
    if (beforeImage.getRows().isEmpty()
        && afterImage.getRows().isEmpty()) {
        return;
    }

    if (SQLType.UPDATE == sqlRecognizer.getSQLType()) {
        // 如果行数不同,则抛出异常
        if (beforeImage.getRows().size() !=
            afterImage.getRows().size()) {
            throw new ShouldNeverHappenException("Before image size is
not equaled to after image size, probably because you updated the primary
keys.");
        }
    }

    // 得到数据库连接代理
    ConnectionProxy connectionProxy =
        statementProxy.getConnectionProxy();

    // 如果为 delete 语句,则用前镜像
    // 如果为 update 和 insert 语句,则用后镜像
    TableRecords lockKeyRecords = sqlRecognizer.getSQLType() ==
        SQLType.DELETE ? beforeImage : afterImage;
```

```
    // 构建全局锁
    String lockKeys = buildLockKey(lockKeyRecords);
    connectionProxy.appendLockKey(lockKeys);

    // 构建事务日志
    SQLUndoLog sqlUndoLog = buildUndoItem(beforeImage, afterImage);
    connectionProxy.appendUndoLog(sqlUndoLog);
}
```

主要处理逻辑：

① 如果前镜像与后镜像都为空，则返回，因为没有事务日志需要保存。

② 检查 update 语句的前镜像、后镜像行数是否相同，如果不相同，则报错（对于 update 来说，前镜像、后镜像保存的是相同行，只是行的内容不同）。

③ 调用 buildLockKey()方法构建 Seata 行锁数据：如果是 insert 或 update 语句，则基于后镜像构建；如果是 delete 语句，则基于前镜像构建。以"（c）生成后镜像。"中插入"account"表的例子来看，生成的 Seata 行锁数据为"account:100,101"，即"表名:主键值1,主键值2,…"。

④ 一个本地事务中可能包含多条 SQL 语句，每条 SQL 语句都可能生成 Seata 行锁数据，需要在构建完成本条 SQL 语句的行锁数据后将这些行锁数据合并成一个大字符串。

⑤ 执行 buildUndoItem()方法把前镜像、后镜像构建为 undoLog，把新构建的 undoLog 与用该本地事务中别的 SQL 语句已经构建的 undoLog 合并在一起。

> 如果在一个本地事务内有多个 insert、update、delete 语句，则会把这多条 SQL 语句的 Seata 行锁数据合并为一条。将 undoLog 也合并为一条，体现在事务日志表中是只有一行数据而不是多行数据。

AT 模式也采用 Seata 框架的两阶段提交协议。下面深入剖析 AT 模式在两个阶段分别完成了哪些工作。

> Seata 框架的两阶段提交协议，与 XA 两阶段提交协议没有关系，请注意不要混淆。

3.3 AT 模式的两阶段提交

两阶段提交分为两个阶段。下面先分析一阶段的处理过程。

3.3.1 一阶段处理

在一阶段中，Seata 会先拦截业务 SQL 语句，解析 SQL 语句的语义，提取表元数据，找到 SQL 语句要更新的业务数据；然后，在业务数据被更新前将其保存成前镜像；接着，执行 SQL 语句更新业务数据；在业务数据更新后，将其保存成后镜像，并生成 Seata 事务锁数据，构建事务日志且插入事务日志表。

以上操作全部在一个数据库本地事务中完成，这样保证了一阶段操作的原子性。整个操作如图 3-9 所示。

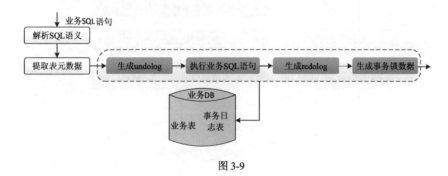

图 3-9

以一个 update 语句（update students set name='zhangsan' where name='lisi'）为例，整个流程如图 3-10 所示。

解析上述 SQL 语句，得到 SQL 类型为"update"，表名为"students"，where 条件为"where name='lisi'"。

在图 3-10 中，先通过数据源代理生成 SQL 识别器和 SQL 执行器，然后执行以下步骤：

（1）开启一个数据库本地事务。

（2）执行"select id … from students where name='lisi'"语句查询前镜像。

（3）执行原始 SQL 语句"update students set name='zhangsan' where name='lisi'"。

（4）执行"select id … from students where id=xxx"语句查询后镜像。

（5）生成事务日志和事务锁数据。

（6）注册分支事务。

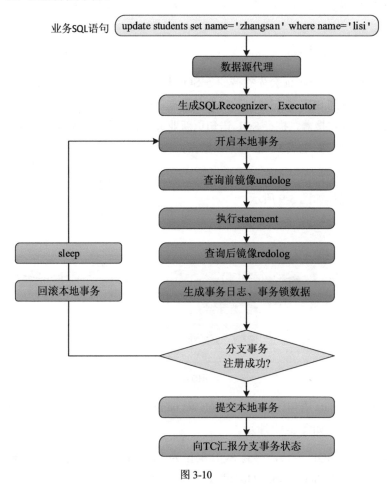

图 3-10

在本地事务提交前，通过事务协调器注册分支事务。

- 如果发生全局锁冲突，则回滚本地事务，在休眠一段时间后重新开启数据库本地事务，并重复步骤（1）~（6）。
- 如果没有全局锁冲突，则注册分支事务成功，继续执行下一步。

（7）提交本地事务。

（8）向事务协调器汇报分支状态。

至此，分支事务一阶段处理完成。

在本地事务提交前，需要向事务协调器注册分支事务。在分支注册信息中包含由表名和行主键组成的全局锁数据。如果在分支注册过程中，发现全局锁数据正在被其他全局事务锁定，则抛出全局锁冲突异常。客户端需要循环等待，直到其他全局事务"放锁"后，本地事务才能被提交。

Seata 以这样的机制保证了全局事务间的"写"隔离。

一阶段的主要工作是生成 SQLRecognizer、Executor、前镜像、后镜像等。AT 模式客户端的主要开销都在一阶段中。

3.3.2 二阶段的提交处理

如果全局事务是提交状态，则事务协调器会先进行"放锁"操作，然后释放各个分支事务在一阶段加的全局锁，并推进二阶段提交。

资源管理器在收到分支事务二阶段提交指令后，只需要删除保存的事务日志数据，完成数据清理即可，因为 SQL 语句在一阶段中已经提交至数据库。为了提升性能，资源管理器会立即返回事务协调器处理成功，并通过异步线程批量删除在二阶段中提交的分支事务的日志数据。

下面通过代码来分析资源管理器是如何完成二阶段提交处理的。

1. 分支事务提交

在 AT 模式中，资源管理器实现类是 DataSourceManager。DataSourceManager.branchCommit()方法用来完成分支事务的二阶段提交，代码如下。

【源码解析】

```
public BranchStatus branchCommit(BranchType branchType,
    String xid,
    long branchId,
    String resourceId,
    String applicationData) throws TransactionException {
    // 通过异步线程进行分支事务的二阶段提交
    return asyncWorker.branchCommit(xid, branchId, resourceId);
}
```

在上述代码中，调用了 AsyncWorker 类的 branchCommit()方法。所以，接下来看一下该方法在 AsyncWorker 类中是如何实现的。

【源码解析】

```
public BranchStatus branchCommit(String xid,
   long branchId,
   String resourceId) {

   // 二阶段的上下文
   Phase2Context context = new Phase2Context(
      xid, branchId, resourceId);

   // 添加到提交队列
   addToCommitQueue(context);

   // 返回二阶段提交成功
   return BranchStatus.PhaseTwo_Committed;
}
```

可以看到，branchCommit()方法并没有真正提交分支事务，只是把这个分支事务信息构建为一个二阶段上下文 Phase2Context 放入队列。

真正提交事务是 AsyncWorker.doBranchCommit()方法，该方法被一个定时线程池不断地调用。AsyncWorker.doBranchCommit()方法的代码如下。

【源码解析】

```
private void doBranchCommit() {
   // 如果队列为空，则返回
   if (commitQueue.isEmpty()) {
      return;
   }

   List<Phase2Context> allContexts = new LinkedList<>();
   // 把队列中的二阶段上下文放到列表中
   commitQueue.drainTo(allContexts);

   // 按照资源 ID 进行分组
   Map<String, List<Phase2Context>> groupedContexts =
groupedByResourceId(allContexts);

   // 处理每个分组
   groupedContexts.forEach(this::dealWithGroupedContexts);
}
```

在上方代码中，取出队列中的 Phase2Context，并按照资源 ID 进行分组。每个资源代表一个数据库。在分组后，为每个数据库的一批分支事务进行批量的二阶段提交处理。

接着看一下 dealWithGroupedContexts()方法是如何处理一个分组的二阶段提交的。

【源码解析】

```java
private void dealWithGroupedContexts(String resourceId,
    List<Phase2Context> contexts) {
    // 根据资源ID取得数据源代理
    DataSourceProxy dataSourceProxy =
        dataSourceManager.get(resourceId);

    // 如果数据源代理为空，则返回
    if (dataSourceProxy == null) {
        LOGGER.warn("Failed to find resource for {}", resourceId);
        return;
    }

    Connection conn;
    try {
        // 获取一个普通数据库连接。注意，不是数据库连接代理
        conn = dataSourceProxy.getPlainConnection();
    } catch (SQLException sqle) {
        LOGGER.error("Failed to get connection for async committing on {}", resourceId, sqle);
        return;
    }

    // 得到undolog管理器
    UndoLogManager undoLogManager = UndoLogManagerFactory
        .getUndoLogManager(dataSourceProxy.getDbType());

    // 把二阶段上下文大列表拆分为多个小列表,目的是防止列表过大,造成拼接出的SQL语句过长
    List<List<Phase2Context>> splitByLimit = Lists
        .partition(contexts, UNDOLOG_DELETE_LIMIT_SIZE);

    // 对每个小列表处理,调用deleteUndoLog()方法删除一批分支事务的日志
    splitByLimit.forEach(partition -> deleteUndoLog(conn,
        undoLogManager, partition));
}
```

在上方代码中，首先根据资源 ID 取出对应的数据源代理，得到一个"普通"数据库连接（区别于数据库连接代理）；然后对入参传入的二阶段上下文列表进行拆分，默认拆分成 1000 个小列表；接着，循环处理每个小列表，通过调用 deleteUndoLog()方法实现批量删除小列表中分支事务的日志。

在高并发时,在 List<Phase2Context> contexts 中可能有几万个二阶段上下文。如果不将其拆分为小列表,则 deleteUndoLog() 方法需要一次删除几万个分支事务的日志,构建的 SQL 语句会很长,甚至因会超过数据库的限制而失败。拆分为多个小列表则可以避免这个问题。

在进行批量二阶段提交处理时,采用的是"普通"数据库连接(即采用 getPlainConnection()方法),而不是采用 getConnection()方法去获取数据库连接代理。二者差别如以下代码所示。

【源码解析】

```
public class DataSourceProxy extends AbstractDataSourceProxy
implements Resource {
...

// 获取普通数据库连接
public Connection getPlainConnection() throws SQLException {
    // 直接返回目标数据源创建的连接
    return targetDataSource.getConnection();
}

// 获取数据库连接代理
public ConnectionProxy getConnection() throws SQLException {
    Connection targetConnection = targetDataSource.getConnection();
    // 把普通数据库连接包装为数据库连接代理
    return new ConnectionProxy(this, targetConnection);
}
...
}
```

在上方代码 dealWithGroupedContexts() 方法中,最后一步是调用 deleteUndoLog()方法批量删除事务日志。下面来分析如何实现批量删除事务日志。

2. 实现批量删除事务日志

deleteUndoLog()方法的具体实现如下。

【源码解析】

```
private void deleteUndoLog(Connection conn,
```

```java
        UndoLogManager undoLogManager,
        List<Phase2Context> contexts) {
    // XID 集合
    Set<String> xids = new LinkedHashSet<>(contexts.size());
    // 分支事务 ID
    Set<Long> branchIds = new LinkedHashSet<>(contexts.size());

    // 把二阶段上下文中的 XID 和分支事务 ID 分别加入上面的两个集合中
    contexts.forEach(context -> {
        xids.add(context.xid);
        branchIds.add(context.branchId);
    });

    try {
        // 批量删除事务日志
        undoLogManager.batchDeleteUndoLog(xids,
            branchIds,
            conn);

        // 提交本地事务
        if (!conn.getAutoCommit()) {
            conn.commit();
        }
    } catch (SQLException e) {
        LOGGER.error("Failed to batch delete undo log", e);
        try {
            // 如果出现 SQL 异常,则回滚本地事务
            conn.rollback();
        } catch (SQLException rollbackEx) {
            LOGGER.error("Failed to rollback JDBC resource after deleting undo log failed", rollbackEx);
        }
    } finally {
        try {
            // 关闭数据库连接
            conn.close();
        } catch (SQLException closeEx) {
            LOGGER.error("Failed to close JDBC resource after deleting undo log", closeEx);
        }
    }
}
```

在上方代码中,构建了 XID 集合和分支事务 ID 集合,调用 AbstractUndoLogManager.batchDeleteUndoLog()方法批量删除事务日志。如果批量删除成功,则提交本地事务;如果批量删除失败,则回滚本地事务。最后,关闭数据库连接。

下面分析 AbstractUndoLogManager.batchDeleteUndoLog()方法是如何实现批量删除事务日志的。

【源码解析】

```java
public void batchDeleteUndoLog(Set<String> xids,
    Set<Long> branchIds, Connection conn) throws SQLException {

    // 如果 XID 集合或分支事务 ID 集合为空，则返回
    if (CollectionUtils.isEmpty(xids)
        || CollectionUtils.isEmpty(branchIds)) {
        return;
    }

    int xidSize = xids.size();
    int branchIdSize = branchIds.size();

    // 生成批量删除事务日志的 SQL 语句
    String batchDeleteSql = toBatchDeleteUndoLogSql(
        xidSize, branchIdSize);

    try (PreparedStatement deletePST =
        conn.prepareStatement(batchDeleteSql)) {
        int paramsIndex = 1;
        for (Long branchId : branchIds) {
            // 设置分支 ID
            deletePST.setLong(paramsIndex++, branchId);
        }

        for (String xid : xids) {
            // 设置 XID
            deletePST.setString(paramsIndex++, xid);
        }

        // 执行删除语句
        int deleteRows = deletePST.executeUpdate();
        if (LOGGER.isDebugEnabled()) {
            LOGGER.debug("batch delete undo log size {}", deleteRows);
        }
    } catch (Exception e) {
        if (!(e instanceof SQLException)) {
            e = new SQLException(e);
        }
        throw (SQLException) e;
    }
}
```

这个批量删除事务日志的方法是：先通过 toBatchDeleteUndoLogSql()方法

构建 delete 语句，然后创建 PreparedStatement 对象并给"?"赋值，最终执行 delete 语句删除 undo_log 表的记录。批量删除的依据是分支事务 ID（branch_ID）和全局事务 ID（xid）。

3. 如何构建 delete 语句

下面继续分析 toBatchDeleteUndoLogSql() 方法是如何构建 delete 语句的。

【源码解析】

```java
protected static String toBatchDeleteUndoLogSql(int xidSize,
    int branchIdSize) {
    StringBuilder sqlBuilder = new StringBuilder(64);
    // 生成SQL语句第 1 部分：delete from undo_log where branch_id in
    sqlBuilder.append("DELETE FROM ")
        .append(UNDO_LOG_TABLE_NAME)
        .append(" WHERE ")
        .append(ClientTableColumnsName.UNDO_LOG_BRANCH_XID)
        .append(" IN ");

    // 生成SQL语句第 2 部分：(?,?,…?)
    appendInParam(branchIdSize, sqlBuilder);

    // 生成SQL语句第 3 部分：and xid in
    sqlBuilder.append(" AND ")
        .append(ClientTableColumnsName.UNDO_LOG_XID)
        .append(" IN ");

    // 生成SQL语句第 4 部分：(?,?,…?)
    appendInParam(xidSize, sqlBuilder);

    // 最终SQL语句为：
    // delete from undo_log where branch_id in (?,?,…?) and xid in (?,?,…?)
    return sqlBuilder.toString();
}
```

这段代码逻辑比较简单：构建一个长长的 SQL 语句以删掉多条的事务日志。

3.3.3 二阶段的回滚处理

如果全局事务是回滚状态，则事务协调器会推进二阶段回滚。资源管理器在收到分支二阶段回滚指令后，会回滚一阶段已经执行的业务 SQL 语句，还原业务数据。

回滚基本思路是：用前镜像还原业务数据，如图 3-11 所示。

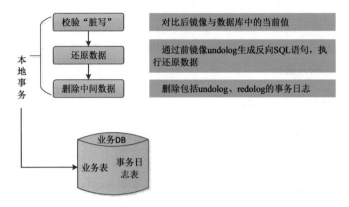

图 3-11

在还原前,要先校验"脏写"(对比后镜像和数据库中的当前值):

- 如果数据完全一致,则说明没有"脏写",可以还原数据。
- 如果数据不一致,则说明有"脏写",需要转人工处理。

下面剖析一下分支事务回滚的代码。DataSourceManager.branchRollback()方法的具体实现如下。

【源码解析】

```java
public BranchStatus branchRollback(BranchType branchType,
    String xid,
    long branchId,
    String resourceId,
    String applicationData) throws TransactionException {

    // 通过资源ID得到数据源代理
    DataSourceProxy dataSourceProxy = get(resourceId);
    if (dataSourceProxy == null) {
        throw new ShouldNeverHappenException();
    }

    try {
        // 调用undo()方法实现分支事务回滚
        UndoLogManagerFactory.getUndoLogManager(
            dataSourceProxy.getDbType()).
                undo(dataSourceProxy, xid, branchId);
    } catch (TransactionException te) {
        StackTraceLogger.info(LOGGER, te,
```

```
            "branchRollback failed. branchType:[{}], xid:[{}],
branchId:[{}], resourceId:[{}], applicationData:[{}]. reason:[{}]",
            new Object[]{branchType, xid, branchId, resourceId,
applicationData, te.getMessage()});
        if (te.getCode() == TransactionExceptionCode.
BranchRollbackFailed_Unretriable) {
            // 二阶段回滚失败，并且不可重试（发生逻辑错误，重试没有意义，需要人
工介入）
            return BranchStatus.PhaseTwo_RollbackFailed_Unretryable;
        } else {
            // 二阶段回滚失败，并且可重试（重试有可能成功）
            return BranchStatus.PhaseTwo_RollbackFailed_Retryable;
        }
    }

    // 分支回滚成功
    return BranchStatus.PhaseTwo_Rollbacked;

}
```

上方代码最主要的逻辑是：调用 AbstractUndoLogManager 类的 undo()方法进行 undolog 相关的回滚操作。

> 在 undo()方法出现异常导致二阶段回滚失败时，可能为"可重试"状态，也可能为"不可重试"状态。后者需要人工介入，通常是发现数据被异常修改了。

继续深入分析 undo()方法。AbstractUndoLogManager.undo()方法的具体实现如下。

【源码解析】

```
public void undo(DataSourceProxy dataSourceProxy,
    String xid, long branchId) throws TransactionException {
    Connection conn = null;
    ResultSet rs = null;
    PreparedStatement selectPST = null;
    // autocommit 的当前状态
    boolean originalAutoCommit = true;

    for (;;) {
        try {
            // 获取一个普通数据库连接
            conn = dataSourceProxy.getPlainConnection();

            // 在一个本地事务内完成分支事务的二阶段回滚
```

```java
if (originalAutoCommit = conn.getAutoCommit()) {
    // 如果 autocommit 本来为 true，则将其设置为 false
    conn.setAutoCommit(false);
}

// 生成查询 undolog 的 PreparedStatement
selectPST = conn.prepareStatement(SELECT_UNDO_LOG_SQL);
// 设置分支事务 ID
selectPST.setLong(1, branchId);
// 设置 XID
selectPST.setString(2, xid);

// 执行查询，得到结果集
rs = selectPST.executeQuery();

boolean exists = false;
// 遍历找到的事务日志
while (rs.next()) {
    exists = true;
    ...
    // 解码 rollbackInfo 字段
    BranchUndoLog branchUndoLog = parser.decode(rollbackInfo);

    try {
        // 保存序列化器名称
        setCurrentSerializer(parser.getName());
        // 一行 undo_log 数据代表一个分支事务，即业务侧的一个本地事务。一个本地事务可能包含多个 insert、delete、update 语句，各自对应一个 SQLUndoLog 对象
        List<SQLUndoLog> sqlUndoLogs = branchUndoLog.getSqlUndoLogs();

        if (sqlUndoLogs.size() > 1) {
            //事务的回滚需要从后往前依次进行，所以把顺序反转
            Collections.reverse(sqlUndoLogs);
        }

        for (SQLUndoLog sqlUndoLog : sqlUndoLogs) {
            //获取表元数据
            TableMeta tableMeta = TableMetaCacheFactory
                .getTableMetaCache(
                    dataSourceProxy.getDbType())
                .getTableMeta(conn
                    , sqlUndoLog.getTableName()
                    , dataSourceProxy.getResourceId());

            // 设置表元数据
            sqlUndoLog.setTableMeta(tableMeta);
```

```
            // 获取回滚执行器
            AbstractUndoExecutor undoExecutor =
                    UndoExecutorFactory.getUndoExecutor(
                        dataSourceProxy.getDbType(),
                        sqlUndoLog);

            //执行回滚
            undoExecutor.executeOn(conn);
        }
    } finally {
        // 删除保存的序列化器名称
        removeCurrentSerializer();
    }
}

if (exists) {
    //删除 undolog
    deleteUndoLog(xid, branchId, conn);
    // 提交本地事务
    conn.commit();
        if (LOGGER.isInfoEnabled()) {
            LOGGER.info("xid {} branch {}, undo_log deleted with {}",
                xid,
                branchId,
                State.GlobalFinished.name());
        }
    ...
}
```

undo()方法核心逻辑是：使用 undo_log 数据来补偿分支事务在一阶段中所增加、删除、修改的数据。

在上方代码中，先查找在 undo_log 表中本分支事务 ID 和 XID 所对应的记录，并把查到记录的 rollback_info 字段内容转化为 BranchUndoLog 对象，然后循环处理 BranchUndoLog 包含的所有 SQLUndoLog 对象。

对于每个 SQLUndoLog 对象，都使用 Undo 执行器完成回滚。在所有 SQLUndoLog 对象对应的回滚都完成后，删除分支事务对应的 undo_log，并提交本地事务。

下面进一步分析 Undo 执行器是如何实现回滚的。

1. Undo 执行器

对每个 SQL 语句进行回滚，是通过 AbstractUndoExecutor.executedOn()方法

实现的,代码如下。

【源码解析】

```java
public void executeOn(Connection conn) throws SQLException {
    // 如果"脏写"检查开关是打开的,则需要校验"脏写"
    if (IS_UNDO_DATA_VALIDATION_ENABLE
        && !dataValidationAndGoOn(conn)) {
        //如果有"脏写",则不能继续执行回滚,需要人工排查问题
        return;
    }

    try {
        // 构建回滚语句
        String undoSQL = buildUndoSQL();
        PreparedStatement undoPST = conn.prepareStatement(undoSQL);

        // 得到所有需要回滚的行
        TableRecords undoRows = getUndoRows();

        // 遍历所有行
        for (Row undoRow : undoRows.getRows()) {
            ArrayList<Field> undoValues = new ArrayList<>();
            // 得到主键列表
            List<Field> pkValueList = getOrderedPkList(undoRows,
                undoRow,
                getDbType(conn));

            for (Field field : undoRow.getFields()) {
                // 将非主键的字段加入列表
                if (field.getKeyType() != KeyType.PRIMARY_KEY) {
                    undoValues.add(field);
                }
            }

            // 给 PreparedStatement 赋值
            undoPrepare(undoPST, undoValues, pkValueList);
            // 执行 PreparedStatement
            undoPST.executeUpdate();
        }
    } catch (Exception ex) {
        if (ex instanceof SQLException) {
            throw (SQLException) ex;
        } else {
            throw new SQLException(ex);
        }
    }
}
```

在上方代码中，先执行 dataValidationAndGoOn()方法进行"脏写"检查；接着，执行 buildUndoSQL()方法构建用于补偿的 SQL 语句，并创建一个 PreparedStatement 对象；然后，执行 undoPrepare()方法把从 undoLog 中取到的值赋给 PreparedStatement 对象；最后，执行这个 PreparedStatement 对象。至此，该分支事务在一阶段中执行的业务 SQL 语句被真正补偿回去了。

2. "脏写"检查

"脏写"检查的目的是防止错误的数据补偿。dataValidationAndGoOn()方法的具体实现如下。

【源码解析】

```java
protected boolean dataValidationAndGoOn(Connection conn) throws SQLException {
    // 得到前镜像
    TableRecords beforeRecords = sqlUndoLog.getBeforeImage();
    // 得到后镜像
    TableRecords afterRecords = sqlUndoLog.getAfterImage();

    // 比较前、后镜像是否相同
    Result<Boolean> beforeEqualsAfterResult = DataCompareUtils
        .isRecordsEquals(beforeRecords, afterRecords);

    if (beforeEqualsAfterResult.getResult()) {
        if (LOGGER.isInfoEnabled()) {
            LOGGER.info("Stop rollback because there is no data change between the before data snapshot and the after data snapshot.");
        }
        // 如果前、后镜像相同，则不回滚
        return false;
    }

    // 查询当前值
    TableRecords currentRecords = queryCurrentRecords(conn);
    // 比较当前值与后镜像是否相同
    Result<Boolean> afterEqualsCurrentResult = DataCompareUtils
        .isRecordsEquals(afterRecords, currentRecords);

    // 如果前、后镜像不相同，则继续比较
    if (!afterEqualsCurrentResult.getResult()) {
        // 比较当前值与前镜像是否相同
        Result<Boolean> beforeEqualsCurrentResult =
            DataCompareUtils.isRecordsEquals(
                beforeRecords, currentRecords);
        if (beforeEqualsCurrentResult.getResult()) {
```

```
        if (LOGGER.isInfoEnabled()) {
            LOGGER.info("Stop rollback because there is no data
change between the before data snapshot and the current data snapshot.");
        }
        // 如果当前值与前镜像相同,则不回滚
        return false;
    } else {
        ...
        // 如果当前值与前、后镜像都不相同,则出现了"脏写"
        throw new SQLException("Has dirty records when undo.");
    }
}
    return true;
}
```

在上方代码中,主要的判断逻辑如下:

(1)如果当前值与后镜像相同,则无"脏写",不回滚。

(2)如果当前值与后镜像虽然不同,但与前镜像相同,则无"脏写",不回滚,因为值已经是我们所预期的。

(3)如果当前值与前后镜像都不相同,则发生了"脏写",会抛出异常,需要人工订正。

在"脏写"检查通过后,在 AbstractUndoExecutor.executedOn()方法中调用 buildUndoSQL()方法构建回滚 SQL 语句。下面分析该方法是如何构建回滚语句的。

3. 构建回滚语句

buildUndoSQL()是一个抽象方法,对于 MySQL、Oracle、PostgreSQL 等数据库有各自的实现,而对于每一种数据库,又针对 insert、delete、update 语句各自有具体的实现。下面以 MySQL 为例,来看一下其代码实现。

(1) insert 语句的回滚。

对于 insert 语句,buildUndoSQL()方法的具体实现类是 MySQLUndoInsertExecutor,其主要代码如下。

【源码解析】

```
protected String buildUndoSQL() {
    // 获取后镜像
    TableRecords afterImage = sqlUndoLog.getAfterImage();
```

```
        // 获取后镜像的所有行
        List<Row> afterImageRows = afterImage.getRows();

        // 如果后镜像没有任何行，则表示insert语句没有插入数据，抛出异常
        if (CollectionUtils.isEmpty(afterImageRows)) {
            throw new ShouldNeverHappenException("Invalid UNDO LOG");
        }

        // 构建delete语句用于回滚
        return generateDeleteSql(afterImageRows,afterImage);
    }

    private String generateDeleteSql(List<Row> rows, TableRecords afterImage) {
        // 得到主键名
        List<String> pkNameList = getOrderedPkList(afterImage,
            rows.get(0), JdbcConstants.MYSQL)
            .stream()
            .map(e -> e.getName())
            .collect(Collectors.toList());

        // 构建where子句
        String whereSql = SqlGenerateUtils.buildWhereConditionByPKs(
            pkNameList,
            JdbcConstants.MYSQL);

        // 合成一个完整的delete语句
        return String.format(DELETE_SQL_TEMPLATE,
            sqlUndoLog.getTableName(),
            whereSql);
    }
```

在上方代码中，以 SQLUndoLog 对象的后镜像为数据来源（即在一阶段中插入的行），调用 generateDeleteSql() 方法产生 delete 语句。

总的来说，如果业务 SQL 语句为 insert 语句，则它的回滚语句就是 delete 语句，删掉在一阶段中插入的行。

（2）delete 语句的回滚。

对于 delete 语句，buildUndoSQL() 方法的具体实现类是 MySQLUndoDeleteExecutor，其主要代码如下。

【源码解析】

```
    protected String buildUndoSQL() {
        // 获取前镜像
        TableRecords beforeImage = sqlUndoLog.getBeforeImage();
```

```java
// 获取前镜像的所有行
List<Row> beforeImageRows = beforeImage.getRows();

// 如果前镜像没有任何行,则表明delete语句没有删除任何行,抛出异常
if (CollectionUtils.isEmpty(beforeImageRows)) {
    throw new ShouldNeverHappenException("Invalid UNDO LOG");
}

// 取出第1行
Row row = beforeImageRows.get(0);
List<Field> fields = new ArrayList<>(row.nonPrimaryKeys());
fields.addAll(getOrderedPkList(beforeImage,
    row,
    JdbcConstants.MYSQL));

// 待插入的所有列名
String insertColumns = fields.stream()
    .map(field -> ColumnUtils.addEscape(field.getName(),
        JdbcConstants.MYSQL))
    .collect(Collectors.joining(", "));

// 待插入的值,用问号占位
String insertValues = fields.stream().map(field -> "?")
    .collect(Collectors.joining(", "));

// 合成一个完整的insert语句
return String.format(INSERT_SQL_TEMPLATE,
    sqlUndoLog.getTableName(),
    insertColumns,
    insertValues);
}
```

在buildUndoSQL()方法中,以SQLUndoLog对象的前镜像作为数据来源(即在一阶段中删除的行)来构建insert语句。

总的来说,如果业务SQL语句为delete语句,则它的回滚语句就是insert语句,把在一阶段中删除的行重新插入进去。

(3) update语句的回滚。

对于update语句,buildUndoSQL()方法的实现类是MySQLUndoUpdateExecutor,其主要代码如下。

【源码解析】

```java
protected String buildUndoSQL() {
    // 获取前镜像
    TableRecords beforeImage = sqlUndoLog.getBeforeImage();

    // 获取前镜像的所有行
    List<Row> beforeImageRows = beforeImage.getRows();

    // 如果前镜像没有任何行,则表明 update 语句没有更改任何行,抛出异常
    if (CollectionUtils.isEmpty(beforeImageRows)) {
        throw new ShouldNeverHappenException("Invalid UNDO LOG");
    }

    // 取出第 1 行
    Row row = beforeImageRows.get(0);

    List<Field> nonPkFields = row.nonPrimaryKeys();
    // 待更新的所有列名
    String updateColumns = nonPkFields.stream().map(
        field -> ColumnUtils.addEscape(field.getName(),
            JdbcConstants.MYSQL) + " = ?")
            .collect(Collectors.joining(", "));

    // 主键名列表
    List<String> pkNameList = getOrderedPkList(beforeImage,
        row,
        JdbcConstants.MYSQL)
            .stream()
            .map(e -> e.getName())
            .collect(Collectors.toList());

    // 构建 where 子句
    String whereSql = SqlGenerateUtils
        .buildWhereConditionByPKs(pkNameList, JdbcConstants.MYSQL);

    // 合成一个完整的 update 语句
    return String.format(UPDATE_SQL_TEMPLATE,
        sqlUndoLog.getTableName(),
        updateColumns,
        whereSql);
}
```

在 buildUndoSQL() 方法中,以 SQLUndoLog 对象的前镜像作为数据来源(即在一阶段中更新的行在更新之前的值)来构建 update 语句。

总的来说,如果业务 SQL 语句为 update 语句,则它的回滚语句还是 update 语句,把在一阶段中更新的行的值恢复回去。

4. 回滚语句赋值

在构建完成回滚语句后,通过 undoPrepare() 方法给 PreparedStatement 赋值。代码如下。

【源码解析】

```java
protected void undoPrepare(PreparedStatement undoPST,
    ArrayList<Field> undoValues,
    List<Field> pkValueList)
    throws SQLException {
    int undoIndex = 0;
    // 遍历所有的 Field
    for (Field undoValue : undoValues) {
        undoIndex++;
        // 得到字段类型
        int type = undoValue.getType();
        // 得到字段值
        Object value = undoValue.getValue();
        // 根据不同类型设置 PreparedStatement
        if (type == JDBCType.BLOB.getVendorTypeNumber()) {
            SerialBlob serialBlob = (SerialBlob) value;
            // Blob 类型
            if (serialBlob != null) {
                undoPST.setBlob(undoIndex,
                    serialBlob.getBinaryStream());
            } else {
                undoPST.setObject(undoIndex, null);
            }
        } else if (type == JDBCType.CLOB.getVendorTypeNumber()) {
            SerialClob serialClob = (SerialClob) value;
            // Clob 类型
            if (serialClob != null) {
                undoPST.setClob(undoIndex,
                    serialClob.getCharacterStream());
            } else {
                undoPST.setObject(undoIndex, null);
            }
        ...
    }
}
```

在 undoPrepare() 方法中,按照 undoLog 数据中每个数据库表的字段类型分别进行处理,其中 Blob、Clob、Datalink、Array 等类型需要单独进行处理。

在资源管理器成功完成分支事务的二阶段回滚后,事务协调器会对该分支事务在一阶段中加的 Seata 全局锁进行"放锁"操作。

由于事务协调器在一阶段中已经对 AT 模式分支事务生成的行锁数据进行了"加锁"处理,所以在正常情况下不应该出现"脏写"。

出现"脏写"通常是因为有人绕过 Seata 对数据进行了修改,比如通过 SQL 工具直接修改数据,这违反了 Seata AT 模式的规则,需要人工排查。

第 4 章

Seata TCC 模式

4.1 TCC 模式介绍

所谓 TCC 模式是指，把自定义的分支事务纳入分布式事务的管理中。相对于传统的 XA 两阶段提交协议，TCC 模式特征是：不依赖资源管理器对 XA 协议的支持，而是通过对业务逻辑的调度来实现分布式事务。

4.1.1 TCC 模式与 AT 模式对比

Seata 分布式事务，整体上是一个两阶段提交模型。全局事务是由若干个分支事务组成的。分支事务要满足两阶段提交模型的要求，则需要每个分支事务都具备以下行为：

- 一阶段 prepare 行为。
- 二阶段 commit 或 rollback 行为。

整体流程如图 4-1 所示。

AT 模式和 TCC 模式都遵循上面的流程，两种模式的分支事务可以共存在同一个分布式事务中。从使用角度看，两种模式最大的差别在于：是自动实现这 3 个行为（prepare、commit、rollback）还是自定义实现这 3 个行为。

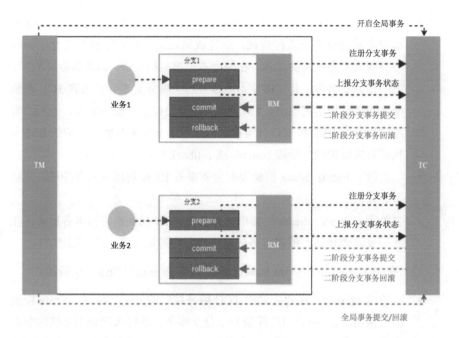

图 4-1

1. AT 模式

AT 模式依赖关系型数据库的本地事务能力。

- 一阶段 prepare：Seata 框架自动完成准备作（在一个本地事务内完成）。
- 二阶段 commit：Seata 框架自动清理事务日志。
- 二阶段 rollback：Seata 框架自动完成数据回滚（在一个本地事务内完成）。

2. TCC 模式

TCC 模式不强依赖关系型数据库的本地事务能力。

- 一阶段 prepare：调用自定义的 prepare 逻辑。
- 二阶段 commit：调用自定义的 commit 逻辑。
- 二阶段 rollback：调用自定义的 rollback 逻辑。

下面具体对比两种事务模式的差别。

（1）在 AT 模式下，Seata 框架把每个数据库当作一个资源。

- 一阶段 prepare：在业务通过 JDBC 标准接口访问数据库资源时，Seata 框架会对所有请求进行拦截，除完成原始请求外，还额外进行了一些与分布式事务相关的操作。在每个本地事务提交前，RM 都会向 TC 注册一个分支事务，并在提交本地事务后上报分支事务状态到 TC。在整个请求链路调用完成后，TM 通知 TC 提交或回滚全局事务，进入二阶段调用流程。此时，TC 会根据之前注册的分支事务回调相应的 RM 去执行对应资源的二阶段 commit 或 rollback 处理。
- 二阶段 commit：Seata 框架根据分支事务 ID 找到相应的事务日志并将其删除。
- 二阶段 rollback：Seata 框架根据分支事务 ID 找到相应的事务日志，在数据校验成功后，根据事务日志构建回滚语句完成二阶段回滚。

（2）在 TCC 模式下，Seata 框架把每组 TCC 服务接口当作一个资源。

- 一阶段 prepare：在业务调用 TCC 服务接口的 try() 方法时，Seata 框架会拦截请求，RM 向 TC 注册一个分支事务，然后执行 try() 方法的业务逻辑，并在完成后上报分支事务状态到 TC。在整个请求链路调用完成后，TM 通知 TC 提交或回滚全局事务，进入二阶段调用流程。此时，TC 通过分支事务的资源 ID 回调相应的 RM 去执行对应 TCC 资源的 commit 或 rollback 处理。
- 二阶段 commit：调用 TCC 服务接口的 confirm() 方法。
- 二阶段 rollback：调用 TCC 服务接口的 cancel() 方法。

4.1.2　TCC 模式的设计方法

在接入 TCC 模式时，用户的大部分工作都集中在定义 TCC 服务接口和实现 TCC 服务接口上。TCC 模式的业务实现，需要根据具体业务场景的不同做一些针对性的处理。

TCC 模型认为：

对于业务系统中一个特定的业务逻辑，其对外提供服务有一定不确定性，对业务逻辑尝试方法（try()）的调用仅是一个临时性操作，调用它的主业务服务，但保留了后续取消的可能性。

- 主业务服务在认为全局事务应该提交时，会把临时性操作变为确定操作。这对应确认方法（confirm()）。

- 主业务服务在认为全局事务应该回滚时，会要求取消之前的临时性操作。这对应取消方法（cancel()）。

对于每一个 try()方法，Seata 框架最终都会调用 confirm()方法或 cancel()方法。

常见的两种 TCC 实现模式是资源预留模式与补偿模式，下面进行简要分析。

1. 资源预留模式

资源预留，顾名思义就是一阶段先预留下资源，以确保二阶段能执行下去。比如支付场景：

（1）一阶段把要支付的金额在账户中预留出来（即"冻结"起来），这样别的分布式事务用不了"冻结"的金额，账户金额没有变化。

（2）二阶段如果要提交，则把"冻结"的金额真正从账户中扣掉，账户金额改变。

（3）二阶段如果要回滚，则取消这次"冻结"，账户金额没有变化。

对应到 TCC 的 3 个方法：

- try()：完成所有业务检查，预留必需的业务资源。
- confirm()：基于 try()方法预留的业务资源完成真正的业务逻辑。如果 confirm()方法失败，则不断重试，最终一定能够成功（需要的资源已经预留，不会一直不成功）。另外，confirm()方法需满足幂等性，不会因为执行多次而产生数据错误。
- cancel()：释放 try()方法预留的业务资源。如果 cancel()方法失败，则不断重试，最终一定能够成功。同样的，cancel()方法也需要满足幂等性，避免因为重复调用而造成数据错误。

2. 补偿模式

在实际业务中，补偿模式用得更多，比如下订单、减库存场景。

（1）下订单的一阶段就是做一个 insert 操作，减库存的一阶段是减少库存，并记录库存减少的数量。

（2）如果是全局提交，则下订单的二阶段不用做什么，减库存的二阶段是删除一阶段所额外记录的信息。

（3）如果是全局回滚，则下订单的二阶段是删除一阶段插入的行，减库存的二阶段是补偿一阶段的操作（即根据额外记录的信息再把库存数量加回去）。

相对于资源预留模式，补偿模式的实现通常更加简单，对应到 TCC 模式的 3 个方法是：

- try()：真正执行业务逻辑，并且会额外记录所做的修改。
- confirm()：把额外记录的信息删掉（需要满足幂等性）。
- cancel()：根据额外记录的信息，补偿 try()方法做的工作（需要满足幂等性）。

4.2 TCC 模式的实现原理

TCC 模式的实现原理比 AT 模式的实现原理简单很多。下面先从 TCC 模式的注解看起。

4.2.1 TCC 模式的注解

Seata 官网 seata-samples 中的 local-tcc-sample 是一个简单的 TCC 模式样例。在样例中，在一个分布式事务内有两个 TCC 事务参与者——TccActionOne 和 TccActionTwo。如果是分布式事务提交，则两者均提交；如果是分布式事务回滚，则两者均回滚。

我们通过 TCC 服务接口的定义来了解 TCC 模式下注解 @TwoPhaseBusinessAction 的使用。比如，TccActionOne 接口的定义如下。

【源码解析】

```
public interface TccActionOne {
    // try()方法
    @TwoPhaseBusinessAction(name = "TccActionOne" , commitMethod = "commit", rollbackMethod = "rollback")
    public boolean prepare(BusinessActionContext actionContext, int a);

    // confirm()方法
    public boolean commit(BusinessActionContext actionContext);

    // cancel()方法
    public boolean rollback(BusinessActionContext actionContext);
}
```

在上面的接口定义中，注解@TwoPhaseBusinessAction 标识了这是一个 TCC 服务接口，同时指定 commitMethod（commit()方法）和 rollbackMethod（cancel()方法）的名称。声明注解@TwoPhaseBusinessAction 的方法是 try()方法。

下面看一下注解@TwoPhaseBusinessAction 的定义，代码如下。

【源码解析】

```java
@Retention(RetentionPolicy.RUNTIME)
@Target({ElementType.METHOD})
@Inherited
public @interface TwoPhaseBusinessAction {
    // TCC 服务接口的名称
    String name();

    // confirm()方法名
    String commitMethod() default "commit";

    // cancel()方法名
    String rollbackMethod() default "rollback";
}
```

这个注解定义非常简单，包含 3 个属性：TCC 服务接口的名称、confirm()方法名、cancel()方法名。

4.2.2　TCC 模式的资源注册

Seata 框架把每一组 TCC 服务接口作为一个资源。在业务启动时，Seata 框架会自动扫描 TCC 服务接口的调用方和发布方。对于发布方，Seata 框架向 TC 注册 TCC Resource。

1. 全局事务扫描器

GlobalTransactionScanner 类用于扫描全局事务的定义，它继承了 AbstractAutoProxyCreator 抽象类，并重新实现了 wrapIfNecessary()方法。wrapIfNecessary()方法用来在 Spring 启动时生成代理，见以下代码。

【源码解析】

```java
public class GlobalTransactionScanner extends
    AbstractAutoProxyCreator implements InitializingBean,
    ApplicationContextAware,
    DisposableBean {
    ...
    protected Object wrapIfNecessary(Object bean,
```

```
        String beanName,
        Object cacheKey) {
    // 如果关闭分布式事务，则直接返回 bean
    if (disableGlobalTransaction) {
        return bean;
    }
    try {
        synchronized (PROXYED_SET) {
            // 如果该 bean 已经被代理，则直接返回 bean
            if (PROXYED_SET.contains(beanName)) {
                return bean;
            }

            interceptor = null;
            // 检查是否为 TCC 自动代理
            if (TCCBeanParserUtils.isTccAutoProxy(bean,
                beanName,
                applicationContext)) {
                // TCC 拦截器
                interceptor = new TccActionInterceptor(
                    TCCBeanParserUtils.getRemotingDesc(
                        beanName));
            } else {
                Class<?> serviceInterface =
                    SpringProxyUtils.findTargetClass(bean);
                Class<?>[] interfacesIfJdk =
                    SpringProxyUtils.findInterfaces(bean);
                // 如果在类和接口中都不存在全局事务注解
                // @GlobalTransactional，则直接返回 bean
                if (!existsAnnotation(new Class[]
                    {serviceInterface}) && !existsAnnotation(
                    interfacesIfJdk)) {
                    return bean;
                }

                if (interceptor == null) {
                    // 全局事务拦截器
                    interceptor =
                        new  GlobalTransactionalInterceptor(
                            failureHandlerHook);
                }
            }
        }
        ...
    }
}
```

在上方代码中，调用 TCCBeanParserUtils.isTccAutoProxy()方法来判断该 bean 是否为 TCC 自动代理。如果是 TCC 自动代理，则将拦截器初始化为 TCC

拦截器。如果 bean 声明了全局事务注解@GlobalTransactional，则将拦截器初始化为全局事务拦截器。

再看一下 TCCBeanParserUtils.isTccAutoProxy()方法的具体实现。

【源码解析】

```java
public static boolean isTccAutoProxy(Object bean,
    String beanName,
    ApplicationContext applicationContext) {
    // 判断是否为远程 bean
    boolean isRemotingBean = parserRemotingServiceInfo(
        bean, beanName);

    // 获取远程 bean 的描述信息
    RemotingDesc remotingDesc = DefaultRemotingParser.get()
        .getRemotingBeanDesc(beanName);

    if (isRemotingBean) {
        if (remotingDesc != null && remotingDesc.getProtocol() ==
            Protocols.IN_JVM) {
            return isTccProxyTargetBean(remotingDesc);
        ...
}
```

在上方代码中，调用 parserRemotingServiceInfo()方法解释远程服务信息，判断是否为远程 bean。

2. 解释远程服务信息

继续跟进 parserRemotingServiceInfo()方法的具体实现。

【源码解析】

```java
protected static boolean parserRemotingServiceInfo(Object bean,
String beanName) {
    // 得到 RemotingParser，如:
    // DubboRemotingParser、SofaRpcRemotingParser,
    // LocalTCCRemotingParser、HSFRemotingParser
    RemotingParser remotingParser = DefaultRemotingParser
        .get()
        .isRemoting(bean, beanName);

    if (remotingParser != null) {
        // 如果 bean 为服务提供者或者服务消费者，则不为空
        return DefaultRemotingParser
            .get()
            parserRemotingServiceInfo(bean,
```

```
            beanName,
            remotingParser) != null;
    }

    return false;
}
```

在上方代码中,先获取 RemotingParser(如:DubboRemotingParser、SofaRpcRemotingParser、LocalTCCRemotingParser、HSFRemotingParser),接着调用 DefaultRemotingParser.parserRemotingServiceInfo()方法来判断 bean 是否为服务提供者或服务消费者。如果是,则认为 bean 为远程 bean,返回 true;否则认为 bean 不是远程 bean,返回 false。

继续分析 DefaultRemotingParser.parserRemotingServiceInfo()方法的具体实现。

【源码解析】

```
public RemotingDesc parserRemotingServiceInfo(Object bean,
    String beanName,
    RemotingParser remotingParser) {
    // 得到服务描述信息
    RemotingDesc remotingBeanDesc = remotingParser
        .getServiceDesc(bean, beanName);

    // 如果服务描述信息为空,则返回 null
    if (remotingBeanDesc == null) {
        return null;
    }
    // 建立 bean 名字与服务描述信息的映射
    remotingServiceMap.put(beanName, remotingBeanDesc);

    Class<?> interfaceClass = remotingBeanDesc.getInterfaceClass();
    Method[] methods = interfaceClass.getMethods();
    // 如果 bean 为服务(即服务提供者)
    if (remotingParser.isService(bean, beanName)) {
        try {
            // 则得到目标 bean
            Object targetBean = remotingBeanDesc.getTargetBean();
            // 遍历所有方法
            for (Method m : methods) {
                // 得到 TCC 注解
                TwoPhaseBusinessAction twoPhaseBusinessAction =
m.getAnnotation(TwoPhaseBusinessAction.class);
                if (twoPhaseBusinessAction != null) {
                    // 如果声明了 TCC 注解,则需要注册 TCC 资源
                    TCCResource tccResource = new TCCResource();
```

```
                    // 设置 TCC 服务接口的名称
                    tccResource.setActionName(
                        twoPhaseBusinessAction.name());
                    tccResource.setTargetBean(targetBean);
                    tccResource.setPrepareMethod(m);
                    // 设置 confirm()方法名
                    tccResource.setCommitMethodName(
                        twoPhaseBusinessAction.commitMethod());
                    // 设置 confirm()方法
                    tccResource.setCommitMethod(ReflectionUtil
                        .getMethod(interfaceClass,
                    twoPhaseBusinessAction.commitMethod(),
                        new Class[] {BusinessActionContext
                            .class}));
                    // 设置 cancel()方法名
                    tccResource.setRollbackMethodName(
                        twoPhaseBusinessAction.rollbackMethod());
                    // 设置 cancel()方法
                    tccResource.setRollbackMethod(ReflectionUtil
                        .getMethod(interfaceClass,
                            twoPhaseBusinessAction.rollbackMethod(),
                            new Class[] {BusinessActionContext
                                .class}));
                    // 注册 TCC 资源
                    DefaultResourceManager.get()
                        .registerResource(tccResource);
                }
            }
        } catch (Throwable t) {
            throw new FrameworkException(t,
                "parser remoting service error");
        }
    }

    // 如果 bean 为引用（即服务消费者）
    if (remotingParser.isReference(bean, beanName)) {
        // 则标记 bean 为引用
        remotingBeanDesc.setReference(true);
    }
    return remotingBeanDesc;
}
```

在上方代码中，对于 bean 为服务提供者的情况，如果方法声明了 TCC 注解（@TwoPhaseBusinessAction），则构建 TCC 资源对象，调用 ResourceManager 的 registerResource()方法完成 TCC 资源注册。

在 TCC 模式下，ResourceManger 的实现为 TCCResourceManager 类，这与在 AT 模式下 ResourceManger 的实现 DataSourceManager 类类似。

TCCResourceManager 的 registerResource()方法先做本地缓存，然后通过资源管理器的 RPC 客户端将当前资源的资源组 ID 和资源 ID 发送给事务协调器，从而注册 TCC 资源。

4.2.3　TCC 模式的事务发起

TCC 模式的业务调用方和 AT 模式的业务调用方一样，都需要使用注解 @GlobalTransactional 来声明全局事务。

业务方法在执行时，会被全局事务拦截器 GlobalTransactionalInterceptor 类拦截并开启一个全局事务。在全局事务开启后，会先获得全局事务 ID，然后构建事务上下文。其主要实现逻辑在 TransactionalTemplate.execute()方法中，下面来看一下其代码。

【源码解析】

```java
public Object execute(TransactionalExecutor business) throws Throwable {
    ...
    try {
        //开启全局事务
        beginTransaction(txInfo, tx);

        Object rs;
        try {
            // 执行业务方法
            rs = business.execute();
        } catch (Throwable ex) {
            // 如果捕获异常，则回滚全局事务
            completeTransactionAfterThrowing(txInfo, tx, ex);
            throw ex;
        }

        // 如果没有捕获异常，则提交全局事务
        commitTransaction(tx);

        return rs;
        ...
    }
}
```

在该方法中还包含事务嵌套的处理，这里先忽略，聚焦在核心逻辑上，最主要的是以下几步。

（1）调用 beginTransaction()方法开启全局事务。

(2)执行业务方法。

- 如果捕获异常，则执行 completeTransactionAfterThrowing()方法回滚全局事务。
- 如果没有捕获异常，则执行 commitTransaction()方法提交全局事务。

全局事务是提交还是回滚，取决于在整个事务范围内是否出现异常。

1. TCC 拦截器

下面再看一下 TCC 拦截器。TccActionInterceptor 拦截器实现了 MethodInterceptor 接口，对 TCC 方法调用进行拦截。TccActionInterceptor.invoke() 方法的具体实现如下。

【源码解析】

```java
public Object invoke(final MethodInvocation invocation) throws Throwable {
    if (!RootContext.inGlobalTransaction() || disable || RootContext.inSagaBranch()) {
        // 如果不在全局事务中，或者关闭了全局事务服务，或者是 Saga 分支，则执行原始方法并返回
        return invocation.proceed();
    }

    Method method = getActionInterfaceMethod(invocation);
    // 得到 TCC 注解
    TwoPhaseBusinessAction businessAction = method
        .getAnnotation(TwoPhaseBusinessAction.class);
    // 如果声明了 TCC 注解
    if (businessAction != null) {
        ...
        // 则处理 TCC 事务调用
        Map<String, Object> ret = actionInterceptorHandler
            .proceed(method,
                methodArgs,
                xid,
                businessAction,
                invocation::proceed);
        ...
    }
    return invocation.proceed();
}
```

该方法首先判断是否处于全局事务中：如果不在，则执行原始方法；如果在，则调用 ActionInterceptorHandler.proceed()方法处理 TCC 事务调用。

2. 拦截处理过程

继续分析 ActionInterceptorHandler.proceed()方法的具体实现。

【源码解析】

```java
public Map<String, Object> proceed(Method method,
    Object[] arguments,
    String xid,
    TwoPhaseBusinessAction businessAction,
    Callback<Object> targetCallback) throws Throwable {
    Map<String, Object> ret = new HashMap<>(4);
    // TCC 服务接口的名称
    String actionName = businessAction.name();
    BusinessActionContext actionContext = new
    BusinessActionContext();
    // 设置全局事务 ID
    actionContext.setXid(xid);
    actionContext.setActionName(actionName);

    // 创建分支事务
    String branchId = doTccActionLogStore(method,
        arguments,
        businessAction,
        actionContext);

    // 设置分支事务 ID
    actionContext.setBranchId(branchId);
    MDC.put(RootContext.MDC_KEY_BRANCH_ID, branchId);

    // 得到参数类型
    Class<?>[] types = method.getParameterTypes();
    int argIndex = 0;
    for (Class<?> cls : types) {
        if (cls.getName().equals(BusinessActionContext
            .class.getName())) {
            arguments[argIndex] = actionContext;
            break;
        }
        argIndex++;
    }
    // 设置参数
    ret.put(Constants.TCC_METHOD_ARGUMENTS, arguments);
    // 执行 try()方法，并设置结果
    ret.put(Constants.TCC_METHOD_RESULT,
        targetCallback.execute());
    return ret;
}
```

在上方的代码中，首先初始化 TCC 事务上下文，然后调用 doTccActionLogStore()方法创建分支事务并得到分支事务 ID，接着设置分支事务 ID，设置运行参数，并执行 try()方法。

3. 创建分支事务

继续深入分析 ActionInterceptorHandler.doTccActionLogStore()方法是如何创建分支事务的。

【源码解析】

```
protected String doTccActionLogStore(Method method,
    Object[] arguments,
    TwoPhaseBusinessAction businessAction,
    BusinessActionContext actionContext) {
    String actionName = actionContext.getActionName();
    // 获取全局事务 ID
    String xid = actionContext.getXid();
    // 获取 TCC 请求上下文
    Map<String, Object> context =
        fetchActionRequestContext(method, arguments);
    // 开始时间
    context.put(Constants.ACTION_START_TIME,
        System.currentTimeMillis());

    // 初始化业务上下文
    initBusinessContext(context, method, businessAction);
    // 初始化框架上下文
    initFrameworkContext(context);
    actionContext.setActionContext(context);

    // 设置应用上下文
    Map<String, Object> applicationContext = new HashMap<>(4);
    applicationContext.put(Constants.TCC_ACTION_CONTEXT,
        context);
    // 转为 JSON 串
    String applicationContextStr =
        JSON.toJSONString(applicationContext);

    try {
        // 通过 RM 注册分支事务
        Long branchId = DefaultResourceManager
            .get()
            .branchRegister(BranchType.TCC,
                actionName,
                null,
                xid,
```

```
                applicationContextStr,
                null);
        // 返回分支事务 ID
        return String.valueOf(branchId);
    } catch (Throwable t) {
        String msg = String.format("TCC branch Register error, xid: %s",
xid);
        LOGGER.error(msg, t);
        throw new FrameworkException(t, msg);
    }
}
```

在上方代码中，在设置各种上下文后，调用资源管理器完成分支事务注册。在分支事务注册成功后，得到一个分支事务 ID。

4．TCC 二阶段处理

在所有分支事务一阶段工作完成后，如果事务发起方没有捕获到异常，则会发起全局事务提交。TC 会对这个全局事务的所有分支事务发起二阶段提交处理。

TCC 资源管理器（TCCResourceManager 类）在接收到 TCC 分支事务提交的请求后，会调用 TCCResourceManager.branchCommit()方法对分支事务进行提交，下面分析其实现。

【源码解析】

```
public BranchStatus branchCommit(BranchType branchType,
    String xid,
    long branchId,
    String resourceId,
    String applicationData) throws TransactionException {
    // 从 TCC 资源缓存中获取资源
    TCCResource tccResource =
        (TCCResource)tccResourceCache.get(resourceId);
    if (tccResource == null) {
        // TCC 资源不应该不存在
        throw new ShouldNeverHappenException(String.format(
            "TCC resource is not exist, resourceId: %s",
            resourceId));
    }

    Object targetTCCBean = tccResource.getTargetBean();
    // 得到 confirm()方法
    Method commitMethod = tccResource.getCommitMethod();
    if (targetTCCBean == null || commitMethod == null) {
        throw new ShouldNeverHappenException(String.format(
```

```
            "TCC resource is not available, resourceId: %s",
            resourceId));
    }

    try {
        // 得到业务上下文
        BusinessActionContext businessActionContext =
            getBusinessActionContext(xid,
                branchId,
                resourceId,
                applicationData);
        // 执行confirm()方法
        Object ret = commitMethod.invoke(targetTCCBean,
            businessActionContext);
        ...
    }
```

在上方的代码中，首先通过资源 ID 找到本地缓存的 TCCResource；然后通过 TCCResource 得到 confirm()方法；接着，获取分支事务相应的业务上下文对象，执行 confirm()方法，完成二阶段分支事务提交。

如果全局事务是回滚状态，则 TC 会对这个全局事务的所有分支事务发起二阶段回滚处理。

TCC 资源管理器（TCCResourceManager 类）在接收到 TCC 分支事务回滚的请求后，会调用 TCCResourceManager.branchRollback()方法对分支事务进行回滚。

TCCResourceManager.branchRollback()方法与上方代码中的处理分支事务提交请求的 TCCResourceManager.branchCommit()方法的处理逻辑类似，最终调用 TCC 资源的 cancel()方法完成二阶段分支事务回滚。

第 5 章

Seata RPC 设计

5.1 网络通信

Seata 是一个分布式事务解决方案框架,必然涉及网络通信。在 Seata 内部实现了一个 RPC 模块,用于实现在 RM、TM、TC 进行事务的创建、提交、回滚等操作时的通信。Seata 使用 Netty 作为 RPC 的底层通信。

服务端和客户端的引导类如图 5-1 所示。

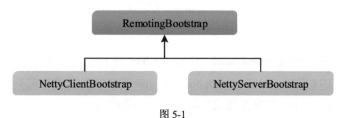

图 5-1

RemotingBootstrap 是引导类接口,定义了 start()和 shutdown()两个抽象方法。NettyServerBootstrap 是服务端引导实现类,NettyClientBootstrap 是客户端引导实现类。

下面先看一下 NettyServerBootstrap.start()方法的具体实现。

【源码解析】

```
public void start() {
    this.serverBootstrap.group(this.eventLoopGroupBoss,
this.eventLoopGroupWorker)
        .channel(NettyServerConfig.SERVER_CHANNEL_CLAZZ)
        // 设置各种网络参数,backlog、reuseaddr、keepalive...
```

```
                .option(ChannelOption.SO_BACKLOG,
                    nettyServerConfig.getSoBackLogSize())
                .option(ChannelOption.SO_REUSEADDR, true)
                .childOption(ChannelOption.SO_KEEPALIVE, true)
                .childOption(ChannelOption.TCP_NODELAY, true)
                .childOption(ChannelOption.SO_SNDBUF,
                    nettyServerConfig.getServerSocketSendBufSize())
                .childOption(ChannelOption.SO_RCVBUF,
                    nettyServerConfig.getServerSocketResvBufSize())
                .childOption(ChannelOption.WRITE_BUFFER_WATER_MARK,
                    new WriteBufferWaterMark(
                        nettyServerConfig.getWriteBufferLowWaterMark(),
                        nettyServerConfig.getWriteBufferHighWaterMark()))
                .localAddress(new InetSocketAddress(listenPort))
                .childHandler(new ChannelInitializer<SocketChannel>() {
                    // 初始化channel()方法
                    public void initChannel(SocketChannel ch) {
                        // 心跳检测处理器
                        ch.pipeline().addLast(new IdleStateHandler(
nettyServerConfig.getChannelMaxReadIdleSeconds(),
0, 0))
                        // 解码器
                        .addLast(new ProtocolV1Decoder())
                        // 编码器
                        .addLast(new ProtocolV1Encoder());
                        if (channelHandlers != null) {
                            addChannelPipelineLast(ch, channelHandlers);
                        }
                    }
                });

        try {
            // 绑定监听端口
            ChannelFuture future =
                this.serverBootstrap.bind(listenPort).sync();
            LOGGER.info("Server started, listen port: {}", listenPort);
            // 把自己的IP地址和端口注册到注册中心中，让客户端可以访问它
            RegistryFactory.getInstance().register(new
                InetSocketAddress(XID.getIpAddress(), XID.getPort()));
            initialized.set(true);
            future.channel().closeFuture().sync();
        } catch (Exception exx) {
            throw new RuntimeException(exx);
        }
    }
}
```

可以看到，服务端用到了以下Netty参数。

- ChannelOption.SO_BACKLOG：对应的是 TCP/IP 协议 Listen() 函数中的 backlog 参数，默认为 1024。
- ChannelOption.SO_REUSEADDR：用于设置在 TCP 套接字处于 TIME_WAIT 状态下的 socket 是否允许重复绑定使用，默认为 true。
- ChannelOption.SO_KEEPALIVE：连接保持，默认为 true。
- ChannelOption.TCP_NODELAY：禁止使用 Nagle 算法，默认为 true。
- ChannelOption.SO_SNDBUF：发送缓冲区大小，默认为 153600MB。
- ChannelOption.SO_RCVBUF：接收缓冲区大小，默认为 153600MB。
- ChannelOption.WRITE_BUFFER_WATER_MARK：高水位、低水位线，保护系统不被压垮，默认为 1MB/64MB。

除这些参数外，还设置了以下 3 个 Handler。

- IdleStateHandler：Netty 包自带的心跳检测处理类，在此不再赘述。
- ProtocolV1Encoder：用于编码。
- ProtocolV1Decoder：用于解码。

下面看一下 Seata RPC 协议的消息设计。

消息头固定部分占 16byte，外加可扩展头 Head Map，见表 5-1。

表 5-1

字 段	字节数	描 述
Magic Code	2	魔术字，用于检测。值：0xda，0xda
Protocol Version	1	协议版本号，用于兼容版本
Full Length	4	消息头加消息体的长度
Head Length	2	消息头长度（包括可选的 Head Map）
Message type	1	消息类型，包括请求、响应、心跳、回调等
Serialization	1	序列化类型，包括 Seata 自定义的序列化方式、Hessian、ProtoBuf 等
Compress Type	1	压缩算法类型，无压缩、7z、Gzip、Lz4 等
Request Id	4	请求消息 ID
Head Map	可选，不固定	如果消息头长度大于 16，则代表该可扩展字段存在。这个扩展字段为 map，可以灵活加入一些 Key Value 映射

消息头后面是消息体，可以根据"Full Length"与"Head Length"计算出消息体长度，用指定序列化类型进行编/解码。

下面先看一下 ProtocolV1Encoder.encode()方法是如何对消息头和消息体进行编码的。

【源码解析】

```java
public void encode(ChannelHandlerContext ctx, Object msg, ByteBuf out)
{
    try {
        if (msg instanceof RpcMessage) {
            RpcMessage rpcMessage = (RpcMessage) msg;

            // 初始长度16byte
            int fullLength = ProtocolConstants.V1_HEAD_LENGTH;
            int headLength = ProtocolConstants.V1_HEAD_LENGTH;
            // 消息类型
            byte messageType = rpcMessage.getMessageType();
            // 写魔术字
            out.writeBytes(ProtocolConstants.MAGIC_CODE_BYTES);
            // 写版本号
            out.writeByte(ProtocolConstants.VERSION);
            // 跳过 6 byte（消息全长 4 byte 和消息头 2 byte），后面再补上
            out.writerIndex(out.writerIndex() + 6);
            // 写消息类型
            out.writeByte(messageType);
            // 写编/解码器类型
            out.writeByte(rpcMessage.getCodec());
            // 写压缩器
            out.writeByte(rpcMessage.getCompressor());
            // 写消息 ID
            out.writeInt(rpcMessage.getId());

            Map<String, String> headMap = rpcMessage.getHeadMap();
            if (headMap != null && !headMap.isEmpty()) {
                // 对 Head Map 编码
                int headMapBytesLength = HeadMapSerializer
                    .getInstance()
                    .encode(headMap, out);
                // 头长度加上 Head Map 的字节长度
                headLength += headMapBytesLength;
                // 全长加上 Head Map 的字节长度
                fullLength += headMapBytesLength;
            }

            byte[] bodyBytes = null;
            // 如果不是心跳消息
            if (messageType !=
                ProtocolConstants.MSGTYPE_HEARTBEAT_REQUEST
                && messageType !=
                ProtocolConstants.MSGTYPE_HEARTBEAT_RESPONSE) {
```

```
            // 则载入序列化器
            Serializer serializer = EnhancedServiceLoader
                .load(Serializer.class,
                    SerializerType.getByCode(rpcMessage.getCodec())
                    .name());
            // 对消息体进行序列化
            bodyBytes = serializer
                .serialize(rpcMessage.getBody());
            Compressor compressor = CompressorFactory
                .getCompressor(rpcMessage.getCompressor());
            // 对消息体字节进行压缩
            bodyBytes = compressor.compress(bodyBytes);
            // 增加消息全长值
            fullLength += bodyBytes.length;
        }

        if (bodyBytes != null) {
            // 写消息体
            out.writeBytes(bodyBytes);
        }

        // 当前 writeIndex 值
        int writeIndex = out.writerIndex();
        // 调整 writeIndex 值，回到跳过 6 byte 的位置
        out.writerIndex(writeIndex - fullLength + 3);
        // 写消息全长
        out.writeInt(fullLength);
        // 写消息头长度
        out.writeShort(headLength);
        out.writerIndex(writeIndex);
    } else {
        throw new UnsupportedOperationException(
            "Not support this class:" + msg.getClass());
    }
} catch (Throwable e) {
    LOGGER.error("Encode request error!", e);
}
```

从上面代码可以看到，先写固定消息头，再写"Head Map"，再写消息体。其中，"Full Length"和"Head Length"所在的 6 byte 先空着，在计算完这两个值后，在函数的最后又回到相应的位置（writerIndex(writeIndex – fullLength + 3)）把这两个字段写入。

消息体是通过下面这行代码进行序列化的（5.3 节中将详细分析如何对消息进行序列化）：

```
bodyBytes = serializer.serialize(rpcMessage.getBody())
```

看完编码,再来分析 ProtocolV1Decoder 类是如何进行解码的。ProtocolV1Decoder.decode()方法如下:

【源码解析】

```
protected Object decode(ChannelHandlerContext ctx,
    ByteBuf in) throws Exception {
    // 调用父类解码
    Object decoded = super.decode(ctx, in);
    if (decoded instanceof ByteBuf) {
        ByteBuf frame = (ByteBuf) decoded;
        try {
            // 解码一个消息
            return decodeFrame(frame);
        } catch (Exception e) {
            LOGGER.error("Decode frame error!", e);
            throw e;
        } finally {
            frame.release();
        }
    }
    return decoded;
}

public Object decodeFrame(ByteBuf frame) {
    // 读前两个字节,验证魔术字是否匹配
    byte b0 = frame.readByte();
    byte b1 = frame.readByte();
    if (ProtocolConstants.MAGIC_CODE_BYTES[0] != b0
        || ProtocolConstants.MAGIC_CODE_BYTES[1] != b1) {
        throw new IllegalArgumentException(
            "Unknown magic code: " + b0 + ", " + b1);
    }
    // 读取版本号
    byte version = frame.readByte();
    // 读取消息全长
    int fullLength = frame.readInt();
    // 读取消息头长度
    short headLength = frame.readShort();
    // 读取消息类型
    byte messageType = frame.readByte();
    // 读取编/解码器
    byte codecType = frame.readByte();
    // 读取压缩器
    byte compressorType = frame.readByte();
    // 读取消息 ID
    int requestId = frame.readInt();
```

```java
// 构建 RPC 消息
RpcMessage rpcMessage = new RpcMessage();
rpcMessage.setCodec(codecType);
rpcMessage.setId(requestId);
rpcMessage.setCompressor(compressorType);
rpcMessage.setMessageType(messageType);

// 读取 Head Map 长度
int headMapLength = headLength -
    ProtocolConstants.V1_HEAD_LENGTH;
if (headMapLength > 0) {
    // 解码 Head Map
    Map<String, String> map = HeadMapSerializer
        .getInstance()
        .decode(frame, headMapLength);
    // 设置 Head Map
    rpcMessage.getHeadMap().putAll(map);
}


if (messageType == ProtocolConstants
    .MSGTYPE_HEARTBEAT_REQUEST) {
    // 心跳请求消息为 "ping"
    rpcMessage.setBody(HeartbeatMessage.PING);
} else if (messageType ==
ProtocolConstants.MSGTYPE_HEARTBEAT_RESPONSE) {
// 心跳响应消息为 "pong"
    rpcMessage.setBody(HeartbeatMessage.PONG);
} else {
    // 消息体长度
    int bodyLength = fullLength - headLength;
    if (bodyLength > 0) {
        byte[] bs = new byte[bodyLength];
        frame.readBytes(bs);
        Compressor compressor =
            CompressorFactory.getCompressor(compressorType);
        // 解压缩消息体
        bs = compressor.decompress(bs);
        // 加载序列化器
        Serializer serializer = EnhancedServiceLoader.load(
            Serializer.class,
            SerializerType.getByCode(rpcMessage.getCodec())
                .name());
        // 反序列化消息体
        rpcMessage.setBody(serializer.deserialize(bs));
    }
}
return rpcMessage;
}
```

解码与编码相对应：先读出消息头的固定部分，再读出消息头的变长部分"Head Map"，最后通过 serializer.deserialize(bs) 反序列化出消息体。

消息体表示具体的事务消息，下面看一下都有哪些类型的事务消息。

5.2 事务消息类型

事务消息有 3 大类：① TM 主动向 TC 发起的，② RM 主动向 TC 发起的，③ TC 主动向 RM 发起的。

TM 主动向 TC 发起的请求消息与响应消息如图 5-2 所示。

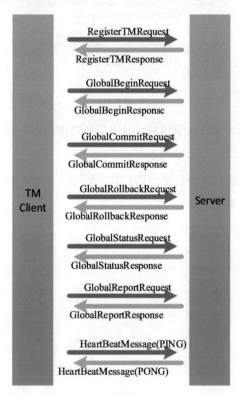

图 5-2

以上消息分别为 TM 注册消息、全局事务开始消息、全局事务提交消息、全局事务回滚消息、全局事务状态查询消息、全局事务状态上报消息、心跳消息。

RM 主动向 TC 发起的请求消息与响应消息如图 5-3 所示。

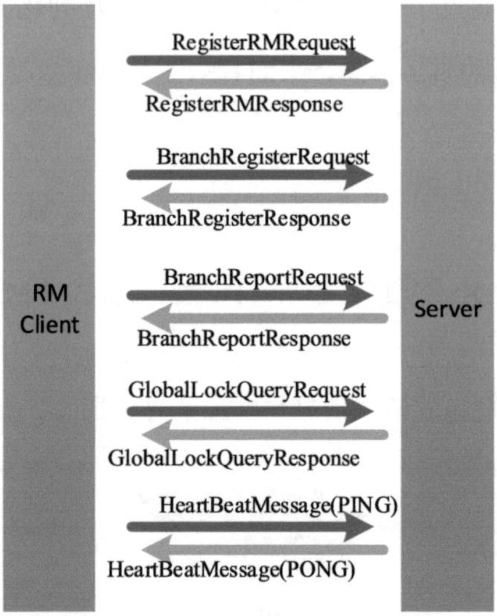

图 5-3

以上消息分别为 RM 注册消息、分支事务注册消息、分支事务状态上报消息、全局锁查询消息、心跳消息。

在分布式事务进入二阶段处理后，TC 会主动向 RM 发起请求，请求消息与响应消息如图 5-4 所示。

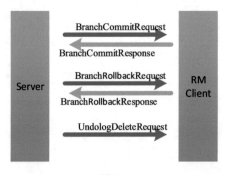

图 5-4

以上消息分别为二阶段分支事务提交消息、二阶段分支事务回滚消息、事务日志删除消息。

5.3 消息序列化

在 5.1 节中，我们看到以下代码。

【源码解析】

```
Serializer serializer = EnhancedServiceLoader
    .load(Serializer.class,
    SerializerType.getByCode(rpcMessage.getCodec()).name());
```

通过上面这行代码加载了序列化类。Seata 默认的序列化类为 SeataSerializer，它用于实现 Serializer 接口的序列化。

下面来看一下 Serializer 接口的定义。

【源码解析】

```
public interface Serializer {
    // 序列化为字节数组
    <T> byte[] serialize(T t);

    // 反序列化，把字节数组解码为具体类型对象
    <T> T deserialize(byte[] bytes);
}
```

这个接口很简单，一共有两个方法：序列化方法 serialize() 和反序列化方法 deserialize()。

进入 SeataSerializer 类，分析它是如何实现这两个方法的。

序列化的代码如下。

【源码解析】

```
@LoadLevel(name = "SEATA")
public class SeataSerializer implements Serializer {
    // 序列化
    public <T> byte[] serialize(T t) {
        if (t == null || !(t instanceof AbstractMessage)) {
            throw new IllegalArgumentException(
                "AbstractMessage isn't available.");
        }
        // 转为抽象消息
        AbstractMessage abstractMessage = (AbstractMessage)t;
        // 得到类型码
        short typecode = abstractMessage.getTypeCode();
        // 得到编/解码器
        MessageSeataCodec messageCodec = MessageCodecFactory
            .getMessageCodec(typecode);
```

```
    // 分配 1KB 大小的 buffer
    ByteBuf out = Unpooled.buffer(1024);
    // 把消息编码到 buffer 中
    messageCodec.encode(t, out);
    byte[] body = new byte[out.readableBytes()];
    // 从 buffer 中读取字节数组
    out.readBytes(body);

    // 分配一个字节 buffer
    ByteBuffer byteBuffer = ByteBuffer.allocate(
2 + body.length);
    // 放入类型码
    byteBuffer.putShort(typecode);
    // 放入消息体
    byteBuffer.put(body);
    byteBuffer.flip();
    byte[] content = new byte[byteBuffer.limit()];
    // 得到序列化后的字节数组
    byteBuffer.get(content);
    return content;
}
...
}
```

反序列化的代码如下。

【源码解析】

```
    // 反序列化
    public <T> T deserialize(byte[] bytes) {
        // 判断字节长度是否满足要求
        if (bytes == null || bytes.length == 0) {
            throw new IllegalArgumentException(
                "Nothing to decode.");
        }
        // 正确的字节长度应大于 2。如果小于 2，则抛出异常
        if (bytes.length < 2) {
            throw new IllegalArgumentException("The byte[] isn't available for decode.");
        }

        ByteBuffer byteBuffer = ByteBuffer.wrap(bytes);
        // 得到类型码
        short typecode = byteBuffer.getShort();
        byte[] body = new byte[byteBuffer.remaining()];
        // 得到消息体
        byteBuffer.get(body);
        ByteBuffer in = ByteBuffer.wrap(body);
        // 根据消息类型创建消息
        AbstractMessage abstractMessage =
```

```
MessageCodecFactory.getMessage(typecode);
    // 根据消息类型得到编/解码器
    MessageSeataCodec messageCodec =
            MessageCodecFactory.getMessageCodec(typecode);
    // 解码为消息对象
    messageCodec.decode(abstractMessage, in);
    return (T)abstractMessage;
    }
}
```

Seata 消息体都有一个类型码（typeCode）。根据类型码，可以得到具体消息类型的编/解码类，是通过以下代码完成的：

```
MessageSeataCodec messageCodec = MessageCodecFactory.
getMessageCodec(typecode);
```

MessageCodecFactory.getMessageCodec()方法的具体实现如下。

【源码解析】

```java
public static MessageSeataCodec getMessageCodec(short typeCode) {
    MessageSeataCodec msgCodec = null;
    switch (typeCode) {
        // 合并消息
        case MessageType.TYPE_SEATA_MERGE:
            msgCodec = new MergedWarpMessageCodec();
            break;
        // 合并结果消息
        case MessageType.TYPE_SEATA_MERGE_RESULT:
            msgCodec = new MergeResultMessageCodec();
            break;
        // TM注册消息
        case MessageType.TYPE_REG_CLT:
            msgCodec = new RegisterTMRequestCodec();
            break;
        // TM注册结果消息
        case MessageType.TYPE_REG_CLT_RESULT:
            msgCodec = new RegisterTMResponseCodec();
            break;
        // RM注册消息
        case MessageType.TYPE_REG_RM:
            msgCodec = new RegisterRMRequestCodec();
            break;
        // RM注册结果消息
        case MessageType.TYPE_REG_RM_RESULT:
            msgCodec = new RegisterRMResponseCodec();
            break;
        // 分支事务二阶段提交消息
        case MessageType.TYPE_BRANCH_COMMIT:
            msgCodec = new BranchCommitRequestCodec();
```

```
            break;
        // 分支事务二阶段回滚消息
        case MessageType.TYPE_BRANCH_ROLLBACK:
            msgCodec = new BranchRollbackRequestCodec();
            break;
        // 全局事务状态上报消息
        case MessageType.TYPE_GLOBAL_REPORT:
            msgCodec = new GlobalReportRequestCodec();
            break;
        default:
            break;
    }

    if (msgCodec != null) {
        // 如果得到匹配的编/解码器，则返回
        return msgCodec;
    }

    try {
        // 得到可合并的消息类型的编/解码器
        msgCodec = getMergeRequestMessageSeataCodec(typeCode);
    } catch (Exception exx) {
    }

    if (msgCodec != null) {
        // 如果得到匹配的编/解码器，则返回
        return msgCodec;
    }

    // 得到可合并的结果消息类型的编/解码器
    msgCodec = getMergeResponseMessageSeataCodec(typeCode);
    return msgCodec;
}
```

可以看到，有 TYPE_SEATA_MERGE、TYPE_SEATA_MERGE_RESULT、TYPE_REG_CLT、TYPE_REG_CLT_RESULT、TYPE_REG_RM、TYPE_REG_RM_RESULT、TYPE_BRANCH_COMMIT、TYPE_BRANCH_ROLLBACK、TYPE_GLOBAL_REPORT，分别表示合并消息、合并结果消息、TM 注册消息、TM 注册结果消息、RM 注册消息、RM 注册结果消息、分支事务二阶段提交消息、分支事务二阶段回滚消息、全局事务状态上报消息。

细心的读者肯定发现，上述消息中没有包含开启全局事务消息、分支事务注册消息，它们去哪了？答案是在 getMergeRequestMessageSeataCodec() 这个方法中。这个方法可以得到那些可合并发送的消息的编/解码器，代码如下：

第5章 Seata RPC 设计 | 137

【源码解析】

```java
protected static MessageSeataCodec
    getMergeRequestMessageSeataCodec(int typeCode) {
    switch (typeCode) {
        // 开启全局事务消息
        case MessageType.TYPE_GLOBAL_BEGIN:
            return new GlobalBeginRequestCodec();
        // 全局事务提交消息
        case MessageType.TYPE_GLOBAL_COMMIT:
            return new GlobalCommitRequestCodec();
        // 全局事务回滚消息
        case MessageType.TYPE_GLOBAL_ROLLBACK:
            return new GlobalRollbackRequestCodec();
        // 全局事务状态查询消息
        case MessageType.TYPE_GLOBAL_STATUS:
            return new GlobalStatusRequestCodec();
        // 全局锁查询消息
        case MessageType.TYPE_GLOBAL_LOCK_QUERY:
            return new GlobalLockQueryRequestCodec();
        // 分支事务注册消息
        case MessageType.TYPE_BRANCH_REGISTER:
            return new BranchRegisterRequestCodec();
        // 分支事务状态上报消息
        case MessageType.TYPE_BRANCH_STATUS_REPORT:
            return new BranchReportRequestCodec();
        // 全局事务状态上报消息
        case MessageType.TYPE_GLOBAL_REPORT:
            return new GlobalReportRequestCodec();
        default:
            throw new IllegalArgumentException(
                "not support typeCode," + typeCode);
    }
}
```

在上方代码中，根据消息类型得到开启全局事务消息、全局事务提交消息、全局事务回滚消息、分支事务注册消息等的编/解码器。

这里说明一下为什么有一个"合并消息"类型。

在客户端或者资源管理器向事务协调器发送消息时，如果发现有多个消息是发给同一个事务协调器的，则把这多个消息合并成一个消息，合并后为"合并消息"类型，事务协调器在收到这种类型的消息后会把它拆解为多个消息。这种机制起到了小包合并的作用，可以提高 RPC 性能。

下面再分析一下消息编/解码器的工作机制。

消息编/解码器 MessageSeataCodec 接口的定义如下。

【源码解析】

```java
public interface MessageSeataCodec {
    // 获取消息类型
    Class<?> getMessageClassType();

    // 编码
    <T> void encode(T t, ByteBuf out);

    // 解码
    <T> void decode(T t, ByteBuffer in);
}
```

这个接口很简单，定义了 3 个方法：用于获取消息类型的 getMessageClassType()方法、用于编码的 encode()方法、用于解码的 decode()方法。

通过接口/类继承关系，可以看到如图 5-5 所示的 MessageSeataCodec 实现类。

```
MessageSeataCodec
  AbstractMessageCodec
    AbstractIdentifyRequestCodec
      RegisterRMRequestCodec
      RegisterTMRequestCodec
    AbstractResultMessageCodec
      AbstractIdentifyResponseCodec
        RegisterRMResponseCodec
        RegisterTMResponseCodec
      AbstractTransactionResponseCodec
        AbstractBranchEndResponseCodec
        AbstractGlobalEndResponseCodec
        BranchRegisterResponseCodec
        BranchReportResponseCodec
        GlobalBeginResponseCodec
        GlobalLockQueryResponseCodec
    AbstractTransactionRequestCodec
      AbstractTransactionRequestToRMCodec
        AbstractBranchEndRequestCodec
          BranchCommitRequestCodec
          BranchRollbackRequestCodec
        UndoLogDeleteRequestCodec
      AbstractTransactionRequestToTCCodec
        AbstractGlobalEndRequestCodec
          GlobalCommitRequestCodec
          GlobalReportRequestCodec
          GlobalRollbackRequestCodec
          GlobalStatusRequestCodec
        BranchRegisterRequestCodec
          GlobalLockQueryRequestCodec
        BranchReportRequestCodec
        GlobalBeginRequestCodec
    MergedWarpMessageCodec
    MergeResultMessageCodec
```

图 5-5

回到 SeataSerializer 的序列化和反序列化方法，可以看到核心逻辑是：根据类型码找到 MessageSeataCodec，然后调用它的编码方法和解码方法完成序列化与反序列化。

下面以几种具体消息类型的 encode() 方法与 decode() 方法看一下 Seata 消息的编/解码机制。

5.3.1 资源管理器注册消息的编/解码

Seata 消息基本都是请求与响应成对出现的，比如 RegisterRMRequestCodec 类和 RegisterRMResponseCodec 类。

先看一下请求消息 RegisterRMRequestCodec 类的编码。

【源码解析】

```
public class RegisterRMRequestCodec extends
    AbstractIdentifyRequestCodec {
    ...
    // 编码
    protected <T> void doEncode(T t, ByteBuf out) {
        // 调用父类编码方法
        super.doEncode(t, out);
        // 转为 RM 注册请求对象
        RegisterRMRequest registerRMRequest = (RegisterRMRequest)t;
        // 得到资源 ID（可能有多个）
        String resourceIds = registerRMRequest.getResourceIds();

        if (resourceIds != null) {
            // 将资源 ID 字符串转为字节数组
            byte[] bs = resourceIds.getBytes(UTF8);
            // 写字节数组长度
            out.writeInt(bs.length);
            if (bs.length > 0) {
                // 写字节数组
                out.writeBytes(bs);
            }
        } else {
            // 如果没有资源 ID，则认为字节数组长度为 0
            out.writeInt(0);
        }
    }
    ...
}
```

在上方代码中，用 encode() 方法完成 RegisterRMRequest 对象的编码，将结果写到 ByteBuf 对象中。接收者调用 decode()方法解码，将编码结果还原成一个 RegisterRMRequest 对象。

对于字符串（如上方代码中的 resourceIds），Seata 的编码方法是：首先判断字符串是否为空，如果字符串为空，则认为字节数组长度为 0；如果字符串不为空，则把字符串转为字节数组。如果字节数组长度为 0，则只写字节数组长度；如果字节数组长度大于 0，则先写字节数组长度，再写字节数组。

下面看一下在 RegisterRMRequest 类中包含哪些需要发送到事务协调器的数据。

【源码解析】

```java
public class RegisterRMRequest extends AbstractIdentifyRequest
    implements Serializable {
    // 构造函数，把应用 ID 和事务服务组设置为空
    public RegisterRMRequest() {
        this(null, null);
    }

    // 构造函数，设置应用 ID 和事务服务组
    public RegisterRMRequest(String applicationId, String transactionServiceGroup) {
        super(applicationId, transactionServiceGroup);
    }
    // 资源 ID（可能有多个）
    private String resourceIds;

    // 获取资源 ID
    public String getResourceIds() {
        return resourceIds;
    }

    // 设置资源 ID
    public void setResourceIds(String resourceIds) {
        this.resourceIds = resourceIds;
    }

    // 获得类型码
    public short getTypeCode() {
        return MessageType.TYPE_REG_RM;
    }

    ...
}
```

这个类继承了 AbstractIdentifyReques 类，除继承的成员变量外，只有字符

串类型的资源 ID（resourceIds）。在 doEncode()方法中，先调用了父类的 doEncode()方法，然后对 resourceIds 进行编码。

下面看一下在 RegisterRMRequest 类的父类 AbstractIdentifyRequest 中有哪些需要编/解码的成员变量。

【源码解析】

```java
public abstract class AbstractIdentifyRequest extends
  AbstractMessage {
    // 版本号
    protected String version = Version.getCurrent();

    // 应用 ID
    protected String applicationId;

    // 事务服务组
    protected String transactionServiceGroup;

    // 附加数据，用于扩展
    protected String extraData;
    ...
}
```

AbstractIdentifyRequest 类对应的编/解码器是 AbstractIdentifyRequestCodec 类，用于对上方代码中的属性进行编/解码，具体代码如下。

编码的代码如下。

【源码解析】

```java
protected <T> void doEncode(T t, ByteBuf out) {
    // 将类型转为 AbstractIdentifyRequest
    AbstractIdentifyRequest abstractIdentifyRequest =
        (AbstractIdentifyRequest)t;
    // 得到版本号
    String version = abstractIdentifyRequest.getVersion();
    // 得到应用 ID
    String applicationId =
        abstractIdentifyRequest.getApplicationId();
    // 得到事务服务组
    String transactionServiceGroup =
abstractIdentifyRequest.getTransactionServiceGroup();
    // 得到附加数据
    String extraData = abstractIdentifyRequest.getExtraData();

    // 为版本号编码
    if (version != null) {
```

```java
    byte[] bs = version.getBytes(UTF8);
    out.writeShort((short)bs.length);
    if (bs.length > 0) {
        out.writeBytes(bs);
    }
} else {
    out.writeShort((short)0);
}
...
}
```

再看一下如何解码。在 RegisterRMRequestCodec.decode()方法中，依次对版本号 version、应用 ID applicationId、事务服务组名 transactionServiceGroup、附加数据 extraData 和资源 ID resourceIds 进行解码。

【源码解析】

```java
public <T> void decode(T t, ByteBuffer in) {
    // 将类型转为 RegisterRMRequest
    RegisterRMRequest registerRMRequest = (RegisterRMRequest)t;
    // 如果长度小于 2 byte，则数据不完整，返回
    if (in.remaining() < 2) {
        return;
    }
    // 读取"版本号"对应的字节数组长度
    short len = in.getShort();
    if (len > 0) {
        // 如果可读的字节数不足，则返回
        if (in.remaining() < len) {
            return;
        }
        byte[] bs = new byte[len];
        // 读取"版本号"字节数组
        in.get(bs);
        // 将字节数组转为字符串，得到"版本号"
        registerRMRequest.setVersion(new String(bs, UTF8));
    } else {
        return;
    }

    // 如果长度小于 2 byte，则数据不完整，返回
    if (in.remaining() < 2) {
        return;
    }
    // 读取"应用 ID"对应的字节数组长度
    len = in.getShort();

    if (len > 0) {
        // 如果可读的字节数不足，则返回
```

```
        if (in.remaining() < len) {
            return;
        }
        byte[] bs = new byte[len];
        // 读取"应用ID"字节数组
        in.get(bs);
        // 将字节数组转为字符串,得到"应用ID"
        registerRMRequest.setApplicationId(new String(bs, UTF8));
    }

    // 如果长度小于2 byte,数据不完整,则返回
    if (in.remaining() < 2) {
        return;
    }
    // 读取"事务服务组名"对应的字节数组长度
    len = in.getShort();

    // 如果可读的字节数不足,则返回
    if (in.remaining() < len) {
        return;
    }
    byte[] bs = new byte[len];
    // 读取"事务服务组名"字节数组
    in.get(bs);
    // 将字节数组转为字符串,得到"事务服务组名"
    registerRMRequest.setTransactionServiceGroup(
        new String(bs, UTF8));
    ...
}
```

对字符串成员变量进行解码的方法是,先读出表示长度的 int 类型;如果长度为 0,则设置该成员变量的值为空;如果长度大于 0,则读该长度的字符数组并将其转为字符串,设置为成员变量的值。

RegisterRMResponseCodec 类的处理逻辑类似,在此不再详述。

再看一下事务交互中的消息处理,以分支事务注册消息为例来说明。

5.3.2 分支事务注册消息的编/解码

分支事务注册请求消息的编/解码器为 BranchRegisterRequestCodec 类,响应消息的编/解码器为 BranchRegisterResponseCodec 类。

分支事务注册请求消息的编码在 BranchRegisterRequestCodec.encode()方法中实现。

【源码解析】

```java
public <T> void encode(T t, ByteBuf out) {
    // 转为BranchRegisterRequest对象
    BranchRegisterRequest branchRegisterRequest =
        (BranchRegisterRequest)t;
    // 得到全局事务ID
    String xid = branchRegisterRequest.getXid();
    // 得到分支事务类型
    BranchType branchType = branchRegisterRequest.getBranchType();
    // 得到资源ID
    String resourceId = branchRegisterRequest.getResourceId();
    // 得到事务全局锁数据
    String lockKey = branchRegisterRequest.getLockKey();
    // 得到应用数据
    String applicationData = branchRegisterRequest
        .getApplicationData();

    byte[] lockKeyBytes = null;
    if (lockKey != null) {
        // 转为字节数组
        lockKeyBytes = lockKey.getBytes(UTF8);
    }
    byte[] applicationDataBytes = null;
    if (applicationData != null) {
        // 转为字节数组
        applicationDataBytes = applicationData.getBytes(UTF8);
    }

    // 编码XID
    if (xid != null) {
        byte[] bs = xid.getBytes(UTF8);
        out.writeShort((short)bs.length);
        if (bs.length > 0) {
            out.writeBytes(bs);
        }
    } else {
        out.writeShort((short)0);
    }
    // 写分支事务类型
    out.writeByte(branchType.ordinal());

    // 编码资源ID
    if (resourceId != null) {
        byte[] bs = resourceId.getBytes(UTF8);
        out.writeShort((short)bs.length);
        if (bs.length > 0) {
            out.writeBytes(bs);
        }
```

```java
    } else {
        out.writeShort((short)0);
    }

    // 编码全局锁数据
    if (lockKey != null) {
        out.writeInt(lockKeyBytes.length);
        if (lockKeyBytes.length > 0) {
            out.writeBytes(lockKeyBytes);
        }
    } else {
        out.writeInt(0);
    }

    // 编码应用数据
    if (applicationData != null) {
        out.writeInt(applicationDataBytes.length);
        if (applicationDataBytes.length > 0) {
            out.writeBytes(applicationDataBytes);
        }
    } else {
        out.writeInt(0);
    }
}
```

在上方代码中，对分支事务注册请求 BranchRegisterRequest 对象的各个关键成员变量（包括字符串类型的全局事务 ID xid、枚举类型的分支事务类型 branchType、字符串类型的资源 ID resourceId、字符串类型的锁数据 lockKey、字符串类型的应用数据 applicationData）进行了编码。

字符串类型的编码方式与 5.3.1 节介绍的相同，将枚举类型转为字节类型。

解码与编码相对应，在此不再详述。

下面分析一下分支事务注册响应消息的编/解码 BranchRegisterResponseCodec 类。

【源码解析】

```java
public class BranchRegisterResponseCodec extends
    AbstractTransactionResponseCodec implements Serializable {

    // 得到消息类名
    public Class<?> getMessageClassType() {
        return BranchRegisterResponse.class;
    }

    // 编码
```

```java
    public <T> void encode(T t, ByteBuf out) {
        super.encode(t, out);
        // 转为BranchRegisterResponse对象
        BranchRegisterResponse branchRegisterResponse =
(BranchRegisterResponse)t;
        // 得到分支事务ID
        long branchId = branchRegisterResponse.getBranchId();
        // 写分支事务ID
        out.writeLong(branchId);
    }

    // 解码
    public <T> void decode(T t, ByteBuffer in) {
        super.decode(t, in);
        // 转为BranchRegisterResponse对象
        BranchRegisterResponse branchRegisterResponse =
(BranchRegisterResponse)t;
        // 读分支事务ID,并赋值到BranchRegisterResponse对象
        branchRegisterResponse.setBranchId(in.getLong());
    }
}
```

在上方代码中，编码方法很简单：除调用父类编码方法外，只是在 encode() 方法中把 long 类型的分支事务 ID branchId 通过 out.writeLong()方法写入 buffer。

解码方法也很简单：decode()方法除调用父类解码方法外，只是从 buffer 中读出一个 long 类型数字，并将其设置为分支事务注册响应对象 BranchRegisterResponse 的分支事务 ID。

下面看一下合并消息的编/解码。

5.3.3 合并消息的编/解码

合并消息是指为了提升性能把多个事务消息合并为一个。MergedWarpMessageCodec 类和 MergeResultMessageCodec 类分别是合并请求消息与合并响应消息的编/解码器。

首先看一下 MergedWarpMessageCodec.encode()方法。

【源码解析】

```java
// 编码
public <T> void encode(T t, ByteBuf out) {
    // 转为MergedWarpMessage对象
    MergedWarpMessage mergedWarpMessage = (MergedWarpMessage)t;
```

```java
    // 得到消息列表
    List<AbstractMessage> msgs = mergedWarpMessage.msgs;

    // 分配1KB大小的buffer
    final ByteBuf buffer = Unpooled.buffer(1024);
    // 总长度先写为0，在计算出总长度后再修改
    buffer.writeInt(0);

    // 写消息数
    buffer.writeShort((short)msgs.size());
    // 遍历所有消息
    for (final AbstractMessage msg : msgs) {
        // 分配1KB大小的buffer
        final ByteBuf subBuffer = Unpooled.buffer(1024);
        // 得到消息类型码
        short typeCode = msg.getTypeCode();
        // 根据消息类型码得到消息编/解码器
        MessageSeataCodec messageCodec = MessageCodecFactory
            .getMessageCodec(typeCode);
        // 对消息编码
        messageCodec.encode(msg, subBuffer);
        // 写消息类型码
        buffer.writeShort(msg.getTypeCode());
        // 写字节数组
        buffer.writeBytes(subBuffer);
    }

    // 得到待合并所有消息的总长度
    final int length = buffer.readableBytes();
    final byte[] content = new byte[length];
    // 回到buffer的第0个字节，修改总长度（注意：总长度不包括用于写"总长度"本身的4byte）
    buffer.setInt(0, length - 4);
    // 把buffer读到字节数组中
    buffer.readBytes(content);

    // 如果一个合并消息包含超过20个子消息，则debug输出
    if (msgs.size() > 20) {
        if (LOGGER.isDebugEnabled()) {
            LOGGER.debug("msg in one packet:" + msgs.size() + ",buffer size:" + content.length);
        }
    }
    // 写字节数组
    out.writeBytes(content);
}
```

在该方法中，对多个事务消息分别编码得到字节数组，加上类型码组合为

一个大的字节数组，格式为：

【总长度】【消息数】【消息 1 类型码】【消息 1 字节数组】【消息 2 类型码】【消息 2 字节数组】……【消息 n 类型码】【消息 n 字节数组】

> 对于将 20 个以上消息合并为一个消息的情况，在本方法中做了 debug 输出，目的是监测是否出现消息积压。
>
> 如果要将超过 100 个的消息合并为 1 个消息，则通常需要提前规划服务端扩容。

下面再看一下相对应的 MergedWarpMessageCodec.decode()解码方法。

【源码解析】

```java
// 解码
public <T> void decode(T t, ByteBuffer in) {
    // 转为 MergedWarpMessage 对象
    MergedWarpMessage mergedWarpMessage = (MergedWarpMessage)t;
    // 如果长度小于 4byte，则数据不完整，返回
    if (in.remaining() < 4) {
        return;
    }
    
    // 读出总长度
    int length = in.getInt();
    // 如果可读的字节数不足，则返回
    if (in.remaining() < length) {
        return;
    }
    
    byte[] buffer = new byte[length];
    // 一起读到 buffer 中
    in.get(buffer);
    ByteBuffer byteBuffer = ByteBuffer.wrap(buffer);
    // 对 ByteBuffer 解码
    doDecode(mergedWarpMessage, byteBuffer);
}

// 解码
private void doDecode(MergedWarpMessage mergedWarpMessage,
    ByteBuffer byteBuffer) {
    // 读出子消息数量
    short msgNum = byteBuffer.getShort();
```

```
    List<AbstractMessage> msgs = new ArrayList<AbstractMessage>();
    // 循环处理每个子消息
    for (int idx = 0; idx < msgNum; idx++) {
        // 读出消息类型码
        short typeCode = byteBuffer.getShort();
        // 根据消息类型码,创建相应消息对象,比如 BranchRegisterRequest
        AbstractMessage abstractMessage = MessageCodecFactory
            .getMessage(typeCode);

        // 根据消息类型码,创建相应消息对象的编/解码器
        // 比如 BranchRegisterRequestCodec
        MessageSeataCodec messageCodec = MessageCodecFactory
            .getMessageCodec(typeCode);

        // 解码一个子消息
        messageCodec.decode(abstractMessage, byteBuffer);
        // 把解码出的子消息加入消息列表
        msgs.add(abstractMessage);
    }
    mergedWarpMessage.msgs = msgs;
}
```

在上方代码中,首先读出合并消息的总长度,并根据这个总长度读出整个字节数组,保存在 buffer 中;然后从 buffer 中读出消息数,循环解码这个合并消息所包含的每个子消息:

(1)读出消息的类型码。

(2)根据类型码,创建相应的消息对象,比如分支事务注册请求消息 BranchRegisterRequest 对象。

(3)根据类型码,创建相应的消息编/解码器对象,比如分支事务注册请求消息的编/解码器 BranchRegisterRequestCodec 对象。

(4)调用编/解码器的 decode()方法循环解码出一个子消息。

(5)把子消息插入消息列表(List<AbstractMessage> msgs)中。

通过这种方式,TM 或 RM 把多个消息合并为一个消息发给 TC,TC 解码该消息得到多个消息,这样可以提升了吞吐量。

第 6 章

Seata 事务协调器

Seata 事务协调器即 Seata Server，是分布式事务处理最核心的组件。事务协调器设计与实现的好坏，很大程度上决定了系统整体的性能与可用性。

下面先看一下它的启动流程及功能。

6.1 服务端的启动流程

服务端的入口类是 io.seata.server.Server，其 main()函数的代码如下。

【源码解析】

```
public static void main(String[] args) throws IOException {
    // 得到端口号
    int port = PortHelper.getPort(args);
    System.setProperty(ConfigurationKeys.SERVER_PORT, Integer.toString(port));
    // 创建 Logger
    final Logger logger = LoggerFactory.getLogger(Server.class);
    if (ContainerHelper.isRunningInContainer()) {
        logger.info("The server is running in container.");
    }
    // 创建 metrics 解释器
    ParameterParser parameterParser = new ParameterParser(args);
    // 初始化 metrics 管理器
    MetricsManager.get().init();
    System.setProperty(ConfigurationKeys.STORE_MODE, parameterParser.getStoreMode());

    // 创建线程池执行器
    ThreadPoolExecutor workingThreads = new ThreadPoolExecutor(
        NettyServerConfig.getMinServerPoolSize(),
```

```java
        NettyServerConfig.getMaxServerPoolSize(),
        NettyServerConfig.getKeepAliveTime(),
        TimeUnit.SECONDS,
        new LinkedBlockingQueue<>(
            NettyServerConfig.getMaxTaskQueueSize()),
        new NamedThreadFactory("ServerHandlerThread",
            NettyServerConfig.getMaxServerPoolSize()),
        new ThreadPoolExecutor.CallerRunsPolicy());

// 创建 RPC Server
NettyRemotingServer nettyRemotingServer = new
    NettyRemotingServer(workingThreads);
// 设置监听端口号
nettyRemotingServer.setListenPort(parameterParser.getPort());
// 初始化 UUID 产生器
UUIDGenerator.init(parameterParser.getServerNode());
// 初始化 SessionHolder,支持 3 种存储模式:文件、数据库、Redis
SessionHolder.init(parameterParser.getStoreMode());
// 初始化事务协调器
DefaultCoordinator coordinator = new
    DefaultCoordinator(nettyRemotingServer);
coordinator.init();
// 将 RPC Server 的 handler 设置为事务协调器
nettyRemotingServer.setHandler(coordinator);
// 注册 shutdown hook
ShutdownHook.getInstance().addDisposable(coordinator);
ShutdownHook.getInstance().addDisposable(nettyRemotingServer);

// 检查 IP 地址是否正确
if (NetUtil.isValidIp(parameterParser.getHost(), false)) {
    XID.setIpAddress(parameterParser.getHost());
} else {
    XID.setIpAddress(NetUtil.getLocalIp());
}
// 将 XID 端口设置为监听端口
XID.setPort(nettyRemotingServer.getListenPort());

// 初始化 RPC Server
try {
    nettyRemotingServer.init();
} catch (Throwable e) {
    logger.error("nettyServer init error:{}",
        e.getMessage(), e);
    System.exit(-1);
}

System.exit(0);
}
```

从上方代码中可以看到该方法主要包括以下功能：

- 创建 metrics 解释器。
- 初始化 metrics 管理器（用于采集、监控 Seata 的一些运行指标，可以与外部的一些监控系统对接）。
- 初始化 UUID 产生器（生成集群内不重复的唯一 ID，包括全局事务 ID、分支事务 ID 等）。
- 初始化 SessionHolder（负责 Session 的持久化，一个 Session 对象对应一个事务。SessionHolder 支持文件、数据库、Redis 这 3 种持久化方式）。
- 初始化事务协调器（后面重点介绍）。
- 初始化 RPC Server（基于 Netty 实现的 RPC 服务端，在初始化时主要做了两件事：①初始化 Netty，设置 ChannelHandler，启动 Netty；②把自己的 IP 地址、端口号注册到注册中心中，这样客户端可以找到它）。

其他工作比较简单，事务协调器的初始化需要重点分析一下。6.2 节详细介绍默认事务协调器 DefaultCoordinator 的实现。

6.2　默认的事务协调器

默认的事务协调器 DefaultCoordinator 是服务端的核心组件，各种事务消息处理（如全局事务开始、全局事务提交、全局事务回滚、分支事务注册、分支事务状态上报等）都是由 DefaultCoordinator 负责处理的。DefaultCoordinator 通过 RPC Server 与远程的 TM、RM 通信。

DefaultCoordinator 类如图 6-1 所示。

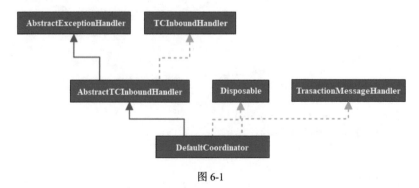

图 6-1

DefaultCoordinator 组件实现了 TCInboundHandler 接口，该接口定义了来自

TM 和 RM 事务消息的处理方法。6.3 节将介绍这些事务消息是如何处理的。

下面看一下在 DefaultCoordinator 类中定义的 5 个线程池执行器。

【源码解析】

```java
public class DefaultCoordinator extends AbstractTCInboundHandler
    implements TransactionMessageHandler, Disposable {
    ...
    // 重试回滚事务
    private ScheduledThreadPoolExecutor retryRollbacking = new
        ScheduledThreadPoolExecutor(1, new NamedThreadFactory(
            "RetryRollbacking", 1));

    // 重试提交事务
    private ScheduledThreadPoolExecutor retryCommitting = new
        ScheduledThreadPoolExecutor(1, new NamedThreadFactory(
            "RetryCommitting", 1));

    // 异步提交事务
    private ScheduledThreadPoolExecutor asyncCommitting = new
        ScheduledThreadPoolExecutor(1, new NamedThreadFactory(
            "AsyncCommitting", 1));

    // 事务超时检查
    private ScheduledThreadPoolExecutor timeoutCheck = new
        ScheduledThreadPoolExecutor(1, new NamedThreadFactory(
            "TxTimeoutCheck", 1));

    // 批量删除资源侧事务日志
    private ScheduledThreadPoolExecutor undoLogDelete = new
        ScheduledThreadPoolExecutor(1, new NamedThreadFactory(
            "UndoLogDelete", 1));
    ...
}
```

在上方代码中创建的 5 个线程池执行器分别用于运行 5 个定时任务：重试回滚事务、重试提交事务、异步提交事务、事务超时检查和批量删除资源侧事务日志。它们在 DefaultCoordinator.init() 方法中启动。

【源码解析】

```java
public void init() {
    // 每隔 1s 调度一次
    retryRollbacking.scheduleAtFixedRate(() -> {
        boolean lock = SessionHolder.retryRollbackingLock();
        if (lock) {
            try {
                // 处理重试回滚事务
```

```
            handleRetryRollbacking();
        } catch (Exception e) {
            LOGGER.info("Exception retry rollbacking ... ", e);
        } finally {
            SessionHolder.unRetryRollbackingLock();
        }
    }
}, 0, ROLLBACKING_RETRY_PERIOD, TimeUnit.MILLISECONDS);

// 每隔1s调度1次
retryCommitting.scheduleAtFixedRate(() -> {
    boolean lock = SessionHolder.retryCommittingLock();
    if (lock) {
        try {
            // 处理重试提交事务
            handleRetryCommitting();
        } catch (Exception e) {
            LOGGER.info("Exception retry committing ... ", e);
        } finally {
            SessionHolder.unRetryCommittingLock();
        }
    }
}, 0, COMMITTING_RETRY_PERIOD, TimeUnit.MILLISECONDS);

// 每隔1s调度1次
asyncCommitting.scheduleAtFixedRate(() -> {
    boolean lock = SessionHolder.asyncCommittingLock();
    if (lock) {
        try {
            // 处理异步提交事务
            handleAsyncCommitting();
        } catch (Exception e) {
            LOGGER.info("Exception async committing ... ", e);
        } finally {
            SessionHolder.unAsyncCommittingLock();
        }
    }
}, 0, ASYNC_COMMITTING_RETRY_PERIOD, TimeUnit.MILLISECONDS);

// 每隔1s调度1次
timeoutCheck.scheduleAtFixedRate(() -> {
    boolean lock = SessionHolder.txTimeoutCheckLock();
    if (lock) {
        try {
            // 处理事务超时检查
            timeoutCheck();
        } catch (Exception e) {
            LOGGER.info("Exception timeout checking ... ", e);
        } finally {
```

```
            SessionHolder.unTxTimeoutCheckLock();
        }
    }
}, 0, TIMEOUT_RETRY_PERIOD, TimeUnit.MILLISECONDS);

// 每隔1天调度1次
undoLogDelete.scheduleAtFixedRate(() -> {
    boolean lock = SessionHolder.undoLogDeleteLock();
    if (lock) {
        try {
            // 处理事务日志删除
            undoLogDelete();
        } catch (Exception e) {
            LOGGER.info("Exception undoLog deleting ... ", e);
        } finally {
            SessionHolder.unUndoLogDeleteLock();
        }
    }
}, UNDO_LOG_DELAY_DELETE_PERIOD, UNDO_LOG_DELETE_PERIOD,
TimeUnit.MILLISECONDS);
}
```

5 个定时任务都承担了重要工作。前 4 个定时任务都是默认 1s 执行 1 次，最后一个任务 1 天执行 1 次。

下面重点看一下重试回滚事务，其具体实现在 handleRetryRollbacking()方法中。

【源码解析】

```
protected void handleRetryRollbacking() {
    // 从重试回滚的会话管理器中获取所有的全局事务会话
    Collection<GlobalSession> rollbackingSessions = SessionHolder
        .getRetryRollbackingSessionManager()
        .allSessions();

    // 如果没有回滚中的全局事务，则返回
    if (CollectionUtils.isEmpty(rollbackingSessions)) {
        return;
    }

    long now = System.currentTimeMillis();
    // 遍历需要回滚的全局事务
    SessionHelper.forEach(rollbackingSessions,
        rollbackingSession -> {
            try {
                // 检查事务状态，如果事务状态为回滚中，且事务的存在时间没有过长
                // 则跳过对该事务的处理，在下一个周期中再做检查
                if (rollbackingSession.getStatus().equals(
```

```
                GlobalStatus.Rollbacking)
                && !rollbackingSession.isRollbackingDead()) {
                return;
            }

            // 检查是否重试超时
            if (isRetryTimeout(now,
                MAX_ROLLBACK_RETRY_TIMEOUT.toMillis(),
                rollbackingSession.getBeginTime())) {
                // 如果多次回滚一直未能成功
                // 则检查配置是否为回滚失败的事务"解锁"
                if (ROLLBACK_RETRY_TIMEOUT_UNLOCK_ENABLE) {
                    // 如果允许则"解锁"（默认为false，不允许）。
                    // 配置该项为true（打开），可以避免异常情况下长时间"持锁"
                    // 而阻塞别的事务。
                    rollbackingSession.clean();
                }
                // 如果多次回滚都未能成功，则以后就不再对该事务进行处理了
                // 会从事务管理器中删除该事务
                SessionHolder.getRetryRollbackingSessionManager()
                    .removeGlobalSession(rollbackingSession);
                LOGGER.info("Global transaction rollback retrytimeout
and has removed [{}]",
                    rollbackingSession.getXid());
                return;
            }
            // 添加会话生命周期w
            rollbackingSession.addSessionLifecycleListener(
                SessionHolder.getRootSessionManager());
            // 回滚全局事务
            core.doGlobalRollback(rollbackingSession, true);
        } catch (TransactionException ex) {
            LOGGER.info("Failed to retry rollbacking [{}] {} {}",
rollbackingSession.getXid(), ex.getCode(), ex.getMessage());
        }
    });
}
```

在上方代码中，最终调用 DefaultCore.doGlobalRollback()方法回滚一个全局事务，该方法的具体实现如下：

```
public boolean doGlobalRollback(GlobalSession globalSession,
    boolean retrying) throws TransactionException {
    ...
    // 按照分支事务反序遍历，对该全局事务的所有分支事务进行处理
    Boolean result = SessionHelper.forEach(
        globalSession.getReverseSortedBranches(),
        branchSession -> {
            BranchStatus currentBranchStatus =
```

```java
            branchSession.getStatus();
        // 如果分支事务在一阶段已经失败（即本地事务未成功提交）
        // 则不需要对该分支事务推进二阶段处理
        if (currentBranchStatus == BranchStatus
            .PhaseOne_Failed) {
            // 删除该分支事务
            globalSession.removeBranch(branchSession);
            return CONTINUE;
        }
        try {
            // 进行分支事务二阶段回滚
            BranchStatus branchStatus = branchRollback(
                globalSession,
                branchSession);
            // 根据分支事务回滚状态处理
            switch (branchStatus) {
                case PhaseTwo_Rollbacked:
                    // 如果分支事务回滚成功，则删除该分支事务
                    globalSession.removeBranch(branchSession);
                    LOGGER.info("Rollback branch transaction successfully, xid = {} branchId = {}",
                        globalSession.getXid(),
                        branchSession.getBranchId());
                    return CONTINUE;
                case PhaseTwo_RollbackFailed_Unretryable:
                    // 如果分支事务回滚失败，但标识为不可重试，则不再重试
                    // 这种情况通常需要人工干预，检查不可重试的原因
                    SessionHelper.endRollbackFailed(
                        globalSession);
                    LOGGER.info("Rollback branch transaction fail and stop retry, xid = {} branchId = {}",
                        globalSession.getXid(),
                        branchSession.getBranchId());
                    return false;
                default:
                    // 如果分支事务回滚失败，则进行重试
                    LOGGER.info("Rollback branch transaction fail and will retry, xid = {} branchId = {}",
                        globalSession.getXid(),
                        branchSession.getBranchId());
                    if (!retrying) {
                        globalSession.queueToRetryRollback();
                    }
                    return false;
            }
        ...
    }
```

最终，如果所有分支事务都可以正常回滚，则该全局事务完成，并从事务管理器中删除它；如果存在分支事务未回滚，则在下次定时线程运行时再次执行 doGlobalRollback() 方法。

另外 4 个定时任务这里就不详细介绍了，只介绍它们的主要功能。

- 重试提交事务：在 handleRetryCommitting() 方法内完成。对于全局事务状态为"提交"的事务，不断尝试推进它们的分支事务二阶段提交。失败则重试，直到成功为止。该方法最终调用 DefaultCore.doGlobalCommit() 方法完成单个全局事务的提交。
- 异步提交事务：在 handleAsyncCommitting() 方法内完成。与重试提交事务类似，handleAsyncCommitting() 方法最终调用 DefaultCore.doGlobalCommit() 方法完成单个全局事务的提交。
- 事务超时检查：在 timeoutCheck() 方法内完成。它对所有全局事务进行超时检查，如果发现事务处于开始状态且已经超时，则将该全局事务的状态修改为"超时回滚"状态，后续由重试回滚会话管理器对该事务进行回滚。
- 批量删除资源侧事务日志：在 undoLogDelete() 方法内完成。它会通知所有的 RM 删除 7 天以前的事务日志（可以通过参数 server.undo.logSaveDays 配置）。正常来说，资源侧是没有多余的事务日志的，但如果存在异常关机，则会存在 RM 没来得及删除二阶段提交状态的事务日志的情况。该机制可以防止积累过多的无用事务日志。

6.3 事务的消息处理

DefaultCoordinator 组件实现了 TCInboundHandler 接口，接下来看一下 TCInboundHandler 接口的定义。

【源码解析】

```
public interface TCInboundHandler {
    // 处理全局事务开始事件
    GlobalBeginResponse handle(GlobalBeginRequest globalBegin,
        RpcContext rpcContext);

    // 处理全局事务提交事件
    GlobalCommitResponse handle(GlobalCommitRequest globalCommit,
        RpcContext rpcContext);
```

```
    // 处理全局事务回滚事件
    GlobalRollbackResponse handle(GlobalRollbackRequest
        globalRollback, RpcContext rpcContext);

    // 处理分支事务注册事件
    BranchRegisterResponse handle(BranchRegisterRequest
        branchRegister, RpcContext rpcContext);

    // 处理分支事务上报状态事件
    BranchReportResponse handle(BranchReportRequest branchReport,
        RpcContext rpcContext);

    // 处理全局锁查询事件
    GlobalLockQueryResponse handle(GlobalLockQueryRequest
        checkLock, RpcContext rpcContext);

    // 处理全局事务状态查询事件
    GlobalStatusResponse handle(GlobalStatusRequest globalStatus,
        RpcContext rpcContext);

    // 处理全局事务状态上报事件
    GlobalReportResponse handle(GlobalReportRequest globalReport,
        RpcContext rpcContext);
}
```

在上方代码中，TCInboundHandler 接口定义了关于全局事务的开始、提交和回滚，分支事务的注册和上报状态，以及全局锁查询、全局事务状态查询与上报的处理。

下面看一下全局事务开始事件 GlobalBeginRequest 的处理过程。

6.3.1　全局事务开始事件 GlobalBeginRequest 的处理过程

全局事务开始事件的处理在 AbstractTCInboundHandler.handle(GlobalBeginRequest request...)方法内完成，代码如下。

【源码解析】

```
// 处理开启全局事务请求
public GlobalBeginResponse handle(GlobalBeginRequest request,
    final RpcContext rpcContext) {
    // 创建开启全局事务响应对象
    GlobalBeginResponse response = new GlobalBeginResponse();
    exceptionHandleTemplate(new AbstractCallback
        <GlobalBeginRequest, GlobalBeginResponse>() {
```

```
    // 回调执行方法
    public void execute(GlobalBeginRequest request,
        GlobalBeginResponse response)
        throws TransactionException {
        try {
            // 开启全局事务
            doGlobalBegin(request, response, rpcContext);
        } catch (StoreException e) {
            throw new TransactionException(
                TransactionExceptionCode.FailedStore,
                String.format("begin global request failed. xid=%s, msg=%s", response.getXid(), e.getMessage()),
                e);
        }
    }, request, response);
    return response;
}
```

在上方代码中，处理逻辑主要都在异常处理模板 exceptionHandleTemplate() 方法内，通过回调方法执行 DefaultCoordinator.doGlobalBegin() 方法完成全局事务开始事件的处理。

接着看 DefaultCoordinator.doGlobalBegin() 方法的具体实现：

```
protected void doGlobalBegin(GlobalBeginRequest request,
    GlobalBeginResponse response,
    RpcContext rpcContext)
    throws TransactionException {
    // 调用 core.begin() 方法开启全局事务，把返回结果设置为 XID
    response.setXid(core.begin(rpcContext.getApplicationId(),
        rpcContext.getTransactionServiceGroup(),
        request.getTransactionName(),
        request.getTimeout()));
    if (LOGGER.isInfoEnabled()) {
        LOGGER.info("Begin new global transaction applicationId: {},transactionServiceGroup: {}, transactionName: {},timeout:{},xid:{}",
            rpcContext.getApplicationId(),
            rpcContext.getTransactionServiceGroup(),
            request.getTransactionName(),
            request.getTimeout(),
            response.getXid());
    }
}
```

在上方代码中，调用 DefaultCore.begin() 方法创建一个全局事务，得到全局事务 ID（Xid）并设置全局事务开始的响应消息（GlobalBeginResponse）值。

接下来看一下全局事务提交事件 GlobalCommitRequest 的处理过程。

6.3.2　全局事务提交事件 GlobalCommitRequest 的处理过程

全局事务提交事件是在 AbstractTCInboundHandler.handle(GlobalCommitRequest request...)方法内处理的，代码如下。

【源码解析】

```java
// 处理全局事务提交请求
public GlobalCommitResponse handle(GlobalCommitRequest request,
    final RpcContext rpcContext) {
    // 创建全局事务提交响应对象
    GlobalCommitResponse response = new GlobalCommitResponse();
    // 将全局事务状态设置为"提交中"
    response.setGlobalStatus(GlobalStatus.Committing);

    exceptionHandleTemplate(new
        AbstractCallback<GlobalCommitRequest,
            GlobalCommitResponse>() {
        // 回调执行方法
        public void execute(GlobalCommitRequest request,
            GlobalCommitResponse response)
            throws TransactionException {
            try {
                // 提交全局事务
                doGlobalCommit(request, response, rpcContext);
            } catch (StoreException e) {
                throw new TransactionException(
                    TransactionExceptionCode.FailedStore,
                    String.format("global commit request failed. xid=%s, msg=%s", request.getXid(), e.getMessage()),
                    e);
            }
        }

        public void onTransactionException(GlobalCommitRequest
            request,
            GlobalCommitResponse response,
            TransactionException tex) {
            // 调用父类方法处理异常
            super.onTransactionException(request, response, tex);
            // 检查事务状态
            checkTransactionStatus(request, response);
        }

        public void onException(GlobalCommitRequest request,
```

```
            GlobalCommitResponse response,
            Exception rex) {
            // 调用父类方法处理异常
            super.onException(request, response, rex);
            // 检查事务状态
            checkTransactionStatus(request, response);
        }
    }, request, response);
    return response;
}
```

正常情况执行 DefaultCoordinator.doGlobalCommit()方法会完成全局事务提交，如果出现异常，则会调用 AbstractExceptionHandler.onTransactionException()方法或 AbstractExceptionHandler.onException()方法构建异常响应消息，并调用 checkTransactionStatus()方法检查全局事务状态。

下面看一下 checkTransactionStatus()方法的具体实现：

【源码解析】

```
// 检查事务状态
private void checkTransactionStatus(AbstractGlobalEndRequest
    request, AbstractGlobalEndResponse response) {
    try {
        // 根据请求的全局事务 ID，找到对应的全局事务会话
        GlobalSession globalSession = SessionHolder
            .findGlobalSession(request.getXid(), false);
        if (globalSession != null) {
            // 状态以全局事务会话中保存的状态为准
            response.setGlobalStatus(globalSession.getStatus());
        } else {
            // 将状态设置为"已完成"
            response.setGlobalStatus(GlobalStatus.Finished);
        }
    } catch (Exception exx) {
        LOGGER.error("check transaction status error,{}]",
            exx.getMessage());
    }
}
```

在上方代码中，根据全局事务 ID 查找对应的全局事务会话。如果能找到，则在响应消息中设置全局事务会话保存的全局状态；如果没有找到，则表示该事务已经完成（即提交全局事务时发现该事务已经完成了），在响应消息中设置状态为"已完成"。

在处理全局事务提交请求时发现全局事务已经完成了,这通常有两个原因:

(1)全局事务超时了。事务协调器的事务超时检查定时任务发现超时,并推进回滚完成,在完成后才收到全局事务提交请求。

(2)由于网络故障等原因,重复发送了全局事务提交请求。在收到重复请求时,第一次收到的请求已经处理完成。

再看一下提交全局事务时调用的 doGlobalCommit() 方法,其具体实现如下。

【源码解析】

```
// 提交全局事务
protected void doGlobalCommit(GlobalCommitRequest request,
    GlobalCommitResponse response,
    RpcContext rpcContext)
    throws TransactionException {
    MDC.put(RootContext.MDC_KEY_XID, request.getXid());
    // 调用DefaultCore.commit()方法提交事务,把返回结果设置为全局事务的状态
    response.setGlobalStatus(core.commit(request.getXid()));
}
```

上方代码中的核心逻辑是调用 DefaultCore.commit() 方法,该方法的具体实现如下。

【源码解析】

```
public GlobalStatus commit(String xid)
    throws TransactionException {
    // 找到XID对应的全局事务会话
    GlobalSession globalSession = SessionHolder
        .findGlobalSession(xid);
    // 如果全局事务会话为空,则表示其已经完成,直接返回
    if (globalSession == null) {
        return GlobalStatus.Finished;
    }
    // 添加会话声明周期监听器
    globalSession.addSessionLifecycleListener(
        SessionHolder.getRootSessionManager());

    boolean shouldCommit = SessionHolder.lockAndExecute(
        globalSession, () -> {
        // 关闭全局事务会话。全局事务已经进入提交环节,不应该再注册新的分支事务
        globalSession.closeAndClean();
        // 全局事务的上一个状态只应该是"开始"状态
        if (globalSession.getStatus() == GlobalStatus.Begin) {
            // 如果允许异步提交场景,则异步提交,以提高性能
```

```
            // 默认是同步提交（即各个分支事务按顺序依次推进二阶段提交）
            if (globalSession.canBeCommittedAsync()) {
                // 异步提交全局事务
                globalSession.asyncCommit();
                return false;
            } else {
                // 同步提交全局事务
                // 将全局事务状态更改为"提交中"
                globalSession.changeStatus(GlobalStatus.Committing);
                return true;
            }
        }
        return false;
    });

    // 应该现在提交
    if (shouldCommit) {
        boolean success = doGlobalCommit(globalSession, false);
        // 如果成功，且还有剩余分支事务，可以异步提交，则异步提交
        if (success && globalSession.hasBranch()
                && globalSession.canBeCommittedAsync()) {
            // 异步提交全局事务
            globalSession.asyncCommit();
            return GlobalStatus.Committed;
        } else {
            // 返回全局事务会话中保存的状态
            return globalSession.getStatus();
        }
    } else {
        // 返回全局事务状态
        return globalSession.getStatus() ==
            GlobalStatus.AsyncCommitting ?
                GlobalStatus.Committed : globalSession.getStatus();
    }
}
```

全局事务提交和全局事务回滚的处理逻辑比较复杂，要处理的异常情况很多。如果读者想进一步了解详情，需要深入地看一下 Seata 源码。

6.4 事务的二阶段推进

Core 接口为 Seata 服务端的核心接口，继承了 TransactionCoordinatorInbound 和 TransactionCoordinatorOutbound 两个接口，分别用于处理收到的请求和主动发出请求。

二阶段推进是 TC 主动向 RM 发出请求，由 TransactionCoordinatorOutbound

接口定义。

【源码解析】

```
public interface TransactionCoordinatorOutbound {
    // 发起二阶段分支事务提交
    BranchStatus branchCommit(GlobalSession globalSession,
        BranchSession branchSession) throws TransactionException;

    // 发起二阶段分支事务回滚
    BranchStatus branchRollback(GlobalSession globalSession,
        BranchSession branchSession) throws TransactionException;
}
```

该接口定义了两个方法：①用于分支事务二阶段提交的 branchCommit()方法，②用于分支事务二阶段回滚的 branchRollback()方法。

Core 接口的实现类如图 6-2 所示。

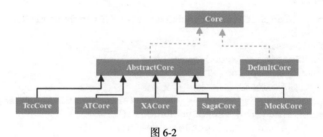

图 6-2

AT 模式的 branchCommit()方法实现在 AbstractCore 类中，代码比较简单。

【源码解析】

```
public BranchStatus branchCommit(GlobalSession globalSession,
    BranchSession branchSession) throws TransactionException {
    try {
        // 创建分支事务提交请求对象
        BranchCommitRequest request = new BranchCommitRequest();
        // 设置 XID
        request.setXid(branchSession.getXid());
        // 设置分支事务 ID
        request.setBranchId(branchSession.getBranchId());
        // 设置资源 ID
        request.setResourceId(branchSession.getResourceId());
        // 设置应用数据
        request.setApplicationData(branchSession
            .getApplicationData());
        // 设置分支事务类型
        request.setBranchType(branchSession.getBranchType());
        // 发送请求并返回结果
```

```
        return branchCommitSend(request, globalSession,
            branchSession);
    } catch (IOException | TimeoutException e) {
        throw new BranchTransactionException(
            FailedToSendBranchCommitRequest,
            String.format("Send branch commit failed, xid = %s branchId = %s", branchSession.getXid(),branchSession.getBranchId()),
            e);
    }
}
```

在上方代码中，先构建一个分支事务提交请求对象 BranchCommitRequest，并设置了全局事务 ID、分支事务 ID、资源 ID、应用数据、分支事务类型属性；然后调用 branchCommitSend()方法将它们发送到 RM。

branchCommitSend()方法的具体实现如下。

【源码解析】

```
protected BranchStatus branchCommitSend(BranchCommitRequest request,
    GlobalSession globalSession,
    BranchSession branchSession)
    throws IOException, TimeoutException {
    // RPC 同步发送分支事务二阶段提交请求
    BranchCommitResponse response = (BranchCommitResponse)
        remotingServer.sendSyncRequest(
            branchSession.getResourceId(),
            branchSession.getClientId(),
            request);
    // 返回分支状态
    return response.getBranchStatus();
}
```

在上方代码中，通过 remotingServer.sendSyncRequest()方法发送同步请求，并得到分支事务提交的响应消息。

> RM 在收到二阶段事务消息（分支事务提交请求，或分支事务回滚请求）后的处理必须是幂等的，即处理重复的消息不会引起数据错误。
>
> 对于 AT 模式，RM 通过业务数据库的本地事务能力确保了幂等性，该能力是由框架完成的，用户无须参与。
>
> 对于 TCC 模式，用户必须在自己实现的 confirm()方法和 cancel()方法中保证幂等性。

为什么要求这种幂等性呢？因为，TC 无法保证对一个分支事务只发送一次 BranchCommitRequest 或 BranchRollbackRequest。只要 branchCommit()方法或 branchRollback()方法失败，则 TC 会在下一个周期再次发送二阶段请求，这样 RM 就可能收到重复的消息并处理多次。

6.5 全局锁的原理

首先说明一下，Seata 全局锁是专门为 AT 模式设计的。TCC 模式、XA 模式、Saga 模式使用自己的方式进行并发控制，与 Seata 全局锁完全无关。

Seata 全局锁是 AT 模式事务并发控制的核心组件。通过全局锁与业务数据库的本地事务能力，Seata 在分支事务的隔离级别的基础上实现了全局事务隔离性。如果数据库本地隔离级别为"读已提交"或以上级别，则事务协调器维护的全局锁可以保证事务间的"写隔离"，将全局事务默认定义在"读未提交"的隔离级别上。

> 业界对分布式事务隔离级别的主流观点是：对于微服务场景下产生的分布式事务，绝大部分应用在"读未提交"隔离级别下工作是没有问题的。微服务间的隔离性要求，通常比数据库本地事务的隔离性要求低。

在一些对隔离性要求较高的场景下，应用可能需要达到全局的"读已提交"隔离级别，Seata 提供了相应的机制，以实现该级别的全局事务隔离性，但性能不可避免有一定降低。

应用要根据实际业务场景需要，选择不同的全局事务隔离级别，推荐选择"读未提交"。

举例说明：当两个全局事务要并发修改同一行数据时，Seata 是这样进行"写隔离"的：

```
全局事务 1/分支事务 x      全局事务 2/分支事务 y
|                          |
1. 获取 数据库锁
|
2. 获取 全局锁
|
```

一个分支事务的锁处理流程如下：

（1）开启数据库本地事务，获取数据库锁。这样已经可以修改本地数据，但不允许提交本地事务。（获得一半权力。）

（2）通过事务协调器获取全局锁，意味着可以修改该数据并持久化。（获得全部权力。）

（3）提交本地事务，释放数据库锁。（释放一半权力。）

（4）在全局事务提交或回滚后释放全局锁。（释放全部权力。）

假设全局事务 1 比全局事务 2 先一步执行了本地事务，事务 1 先拿到数据库锁，事务 2 获取数据库锁的 SQL 语句会被"挂住"，直到事务 1 提交本地事务释放数据库锁。事务 2 获取全局锁也需要等待事务 1 完成并释放全局锁。

这个流程保证了数据的修改将被互斥，不会造成写入"脏数据"，即实现了全局事务间的"写隔离"。

Seata 加锁机制会不会出现"死锁"？不会。通过以下设计防止了"死锁"：

（1）先获取数据库锁再获取全局锁，这个顺序是固定的。

（2）在获取全局锁之前，不会释放数据库锁。

（3）获取不到全局锁不会一直等，而是快速失败并快速释放数据库锁。

这几个原则消除了事务"死锁"的可能性。

下面从代码层面看一下 Seata 是如何实现全局锁的高性能加锁/放锁/查锁的。

首先看一下锁管理器的顶级接口 LockManager，该接口的定义如下。

【源码解析】

```
public interface LockManager {
```

```
// 为一个分支事务添加全局锁
boolean acquireLock(BranchSession branchSession)
    throws TransactionException;

// 为一个分支事务释放全局锁
boolean releaseLock(BranchSession branchSession)
    throws TransactionException;

// 为一个全局事务释放它所有分支事务所持有的全局锁
boolean releaseGlobalSessionLock(GlobalSession globalSession)
    throws TransactionException;

// 检查指定 Key 是否已经被添加了全局锁
boolean isLockable(String xid, String resourceId,
    String lockKey) throws TransactionException;

// 清理所有全局锁
void cleanAllLocks() throws TransactionException;
}
```

LockManager 接口的类如图 6-3 所示。

```
v ⓘ LockManager
  v ⓒᴬ AbstractLockManager
      ⓒ DataBaseLockManager
    > ⓒ FileLockManager
    > ⓒ RedisLockManager
```

图 6-3

Seata 提供了 LockManager 的抽象类 AbstractLockManager。如果自定义了一个锁管理器，则可以通过该抽象类对其进行扩展。目前已经有 3 种类型的具体实现：基于数据库实现的 DataBaseLockManager、基于文件实现的 FileLockManager 和基于 Redis 实现的 RedisLockManager。

> 文件锁管理器 FileLockManager，比数据库锁管理器和 Redis 锁管理器的性能更好，但在高可用性方面不如这两者。
>
> 数据库锁管理器和 Redis 锁管理器在性能上有一定局限性，而分布式事务是一个对性能要求很高的产品，加锁慢、放锁慢则意味着数据冲突的可能性更大，影响大规模场景下的业务整体吞吐水平。

下面重点介绍一下文件锁管理器 FileLockManager 的添加锁/释放锁。

6.5.1 文件锁管理器的添加全局锁

FileLockManager 的添加锁入口在 AbstractLockManager.acquireLock()方法中，代码如下。

【源码解析】

```java
public boolean acquireLock(BranchSession branchSession) throws
    TransactionException {
    // 如果分支为空，则抛出异常
    if (branchSession == null) {
        throw new IllegalArgumentException("branchSession can't be null for memory/file locker.");
    }
    // 得到全局锁数据
    String lockKey = branchSession.getLockKey();
    if (StringUtils.isNullOrEmpty(lockKey)) {
        // 如果没有需要添加全局锁的数据，则返回
        return true;
    }
    // 得到所有行锁
    List<RowLock> locks = collectRowLocks(branchSession);
    if (CollectionUtils.isEmpty(locks)) {
        // 如果没有需要添加全局锁的数据，则返回
        return true;
    }
    // 添加全局锁
    return getLocker(branchSession).acquireLock(locks);
}
```

在上方代码中，首先检查要加锁的主键 lockKey 是否为空：如果为空，则认为该分支事务不需要加锁，看作加锁成功；如果不为空，则把 lockKey 转为行锁（RowLock）列表。

下面看一下 RowLock 类包含哪些属性。

【源码解析】

```java
public class RowLock {
    // 字符串形式的全局事务ID（IP地址:Port:ID）
    private String xid;
    // 全局事务ID
    private Long transactionId;
    // 分支事务ID
    private Long branchId;
```

```java
    // 资源 ID
    private String resourceId;
    // 表名称
    private String tableName;
    // 主键值
    private String pk;
    ...
}
```

一个分支事务代表在业务数据库执行的一个本地事务，一个本地事务可能涉及多张表，每张表上可能又写（增加、删除、修改）了多行数据。所以，lockKey 可能包含多张表的多行数据的主键，需要通过 AbstractLockManager.collectRowLocks()方法把它拆解为多个行锁，然后对所有行锁一次性添加全局锁。

collectRowLocks()方法的具体实现如下。

【源码解析】

```java
protected List<RowLock> collectRowLocks(BranchSession
    branchSession) {
    // 行锁列表
    List<RowLock> locks = new ArrayList<>();
    if (branchSession == null
        || StringUtils.isBlank(branchSession.getLockKey())) {
        // 如果分支事务会话为空，或者全局锁为空，则返回空列表
        return locks;
    }
    // 得到XID
    String xid = branchSession.getXid();
    String resourceId = branchSession.getResourceId();
    long transactionId = branchSession.getTransactionId();
    // 得到全局锁
    String lockKey = branchSession.getLockKey();
    // 拆解为多个行锁
    return collectRowLocks(lockKey, resourceId, xid, transactionId,
branchSession.getBranchId());
}
```

在得到全局事务 ID、资源 ID、lockKey 等数据后，调用另一个重载方法 collectRowLocks()，其具体实现如下。

【源码解析】

```java
protected List<RowLock> collectRowLocks(String lockKey, String
    resourceId,
    String xid,
    Long transactionId,
```

```java
Long branchID) {
List<RowLock> locks = new ArrayList<RowLock>();
// 按照分号分隔成表维度的多组全局锁
String[] tableGroupedLockKeys = lockKey.split(";");
// 遍历表维度的多组全局锁
for (String tableGroupedLockKey : tableGroupedLockKeys) {
    // 字符串是否包含冒号
    int idx = tableGroupedLockKey.indexOf(":");
    if (idx < 0) {
        // 返回空列表
        return locks;
    }
    // 按照冒号拆为两部分，前一部分为表名，后一部分为多个主键值
    String tableName = tableGroupedLockKey.substring(0, idx);
    String mergedPKs = tableGroupedLockKey.substring(idx + 1);
    if (StringUtils.isBlank(mergedPKs)) {
        // 返回空列表
        return locks;
    }
    // 在多个主键之间用逗号分隔，拆为多个主键
    String[] pks = mergedPKs.split(",");
    if (pks == null || pks.length == 0) {
        // 返回空列表
        return locks;
    }

    // 遍历主键
    for (String pk : pks) {
        if (StringUtils.isNotBlank(pk)) {
            // 生成行锁对象
            RowLock rowLock = new RowLock();
            // 设置 XID
            rowLock.setXid(xid);
            // 设置全局事务 ID
            rowLock.setTransactionId(transactionId);
            // 设置分支事务 ID
            rowLock.setBranchId(branchID);
            // 设置表名
            rowLock.setTableName(tableName);
            // 设置主键值
            rowLock.setPk(pk);
            // 设置资源 ID
            rowLock.setResourceId(resourceId);
            // 将行锁加入列表
            locks.add(rowLock);
        }
    }
}
```

```
    }
    return locks;
}
```

在上方代码中，用";"分隔符把 lockKey 按照数据库表的维度分成多个字符串，每个字符串表示某张表需要加锁的数据；在数据库表的名字与主键列表之间以":"分隔；在主键之间以","分隔，对代表一行记录的每个主键构建一个行锁对象 RowLock，最终构建了一个 RowLock 列表。

AbstractLockManager.acquireLock()方法在调用 collectRowLocks()方法完成拆解行锁后，接着调用 getLocker(branchSession).acquireLock(locks)完成申请全局锁工作。

getLocker()是一个抽象方法，对于文件加锁管理器 FileLockManager 来说，它返回的是一个 FileLocker 对象，所以，最终进入的是 FileLocker.acquireLock()方法。在介绍 FileLocker.acquireLock()方法之前，先介绍下几个主要数据结构。

LOCK_MAP 是一个全局的锁集合，记录了目前所有事务已经加的锁。判断数据库记录是否已经加锁，以及加锁的全局事务 ID，都是通过 LOCK_MAP 对象完成的。下面看一下 LOCK_MAP 对象的定义（FileLocker 类）。

【源码解析】
```
private static final ConcurrentMap<String/* resourceId */,
    ConcurrentMap<String/* tableName */,
        ConcurrentMap<Integer/* bucketId */,
            BucketLockMap>>> LOCK_MAP = new ConcurrentHashMap<>();
```

在上方代码中，LOCK_MAP 是一个多层嵌套的 Map，嵌套层次依次是：

数据库资源 ID ＞ 表名＞ 桶 ID ＞ BucketLockMap

即，

（1）根据要加的行锁属于哪个数据库，找到 LOCK_MAP 中保存的子 Map。

（2）根据行锁所属的表名称找到子子 Map。

（3）对行锁所代表的数据库一行记录的主键值进行哈希计算，然后对 128 取模，计算出桶 ID，再根据桶 ID 从子子 Map 中找到子子子 Map。这个子子子 Map 就是 BucketLockMap。

> 为什么要有一个桶ID？
>
> 因为有的表记录数会达到千万级甚至亿级，如果把它们放在同一个Map中，占用空间过大，不容易管理，所以要将它们分别装入不同的桶。

再看一下BucketLockMap类是怎么定义的。

【源码解析】

```
public static class BucketLockMap {
    private final ConcurrentHashMap<String/* pk */,
        Long/* transactionId */> bucketLockMap       =
        new ConcurrentHashMap<>();
    ...
}
```

在上方代码中，BucketLockMap类的核心是定义了一个主键到全局事务ID的Map。这里的主键是指"行锁所代表的数据库一行记录的主键值"。

BucketLockMap会被存储到两个地方——LOCK_MAP、BranchSession的lockHolder属性。lockHolder也是一个Map，它的Key是BucketLockMap对象，它的Value是一个存储了数据库的主键值的Set。lockHolder属性定义在分支事务会话BranchSession类中。

【源码解析】

```
private ConcurrentMap<FileLocker.BucketLockMap, Set<String>>
lockHolder = new ConcurrentHashMap<>();
```

> BranchSession对象为什么要保存lockHolder？为了在放全局锁时使用。在全局事务完成后，需要为这个全局事务所包含的分支事务放全局锁，而分支事务添加的全局锁散落在LOCK_MAP的各个位置，如果遍历则性能会很低。有了lockHolder，则可以快速知道这个分支事务添加的全局锁散落在哪些桶中，并从桶中删除"主键→全局事务ID"对应关系，高效地完成"放锁"操作。

有了这些基础，再来看FileLocker.acquireLock()方法就比较容易理解了。下面看一下 FileLocker.acquireLock()方法的具体实现。

【源码解析】

```java
public boolean acquireLock(List<RowLock> rowLocks) {
    // 如果集合为空，且没有要加锁的记录，则直接返回
    if (CollectionUtils.isEmpty(rowLocks)) {
        // 返回加锁成功
        return true;
    }
    String resourceId = branchSession.getResourceId();
    long transactionId = branchSession.getTransactionId();

    // 分支事务会话的 LockHolder
    ConcurrentMap<BucketLockMap, Set<String>> bucketHolder =
        branchSession.getLockHolder();

    // 找到 LOCK_MAP 中 resourceId 所对应的子 map，即 DB 级的锁 map
    ConcurrentMap<String, ConcurrentMap<Integer, BucketLockMap>>
        dbLockMap = CollectionUtils.computeIfAbsent(
            LOCK_MAP,
            resourceId,
            key -> new ConcurrentHashMap<>());

    // 遍历每个行锁，为它加上全局锁
    for (RowLock lock : rowLocks) {
        String tableName = lock.getTableName();
        String pk = lock.getPk();
        // 根据表名，从 DB 级锁 map 中找到表所对应的 map，即表级锁 map
        ConcurrentMap<Integer, BucketLockMap> tableLockMap =
            CollectionUtils.computeIfAbsent(dbLockMap,
                tableName,
                key -> new ConcurrentHashMap<>());

        // 找到对应的桶
        int bucketId = pk.hashCode() % BUCKET_PER_TABLE;
        // 根据桶 ID，从表级锁 map 中找到对应的桶级锁 map，即 BucketLockMap
        BucketLockMap bucketLockMap =
            CollectionUtils.computeIfAbsent(tableLockMap,
                bucketId,
                key -> new BucketLockMap());
        // 加锁，即 put 到 BucketLockMap，Key 为数据库一行记录的主键
        // Value 为全局事务 ID
        Long previousLockTransactionId = bucketLockMap.get()
            .putIfAbsent(pk, transactionId);

        if (previousLockTransactionId == null) {
            // 这个主键之前没有被加全局锁，现在本事务为它加上
            // 还要保存到分支事务的 LockHolder 里
```

```java
            Set<String> keysInHolder = CollectionUtils
                .computeIfAbsent(bucketHolder,
                    bucketLockMap,
                    key -> new ConcurrentSet<>());
            keysInHolder.add(pk);
        } else if (previousLockTransactionId == transactionId) {
            // 这个主键虽然已经被加上了全局锁，但是加锁的全局事务就是我自己的
            // 这意味着，本全局事务的另一个分支事务也修改了相同记录
            // 我不用再加锁了，就当是我加的
            continue;
        } else {
            LOGGER.info("Global lock on [" + tableName + ":" + pk
                + "] is holding by " + previousLockTransactionId);
            try {
                // 这个主键被别的全局事务加锁了，而且还没释放，我放弃吧
                // 在返回加锁失败/异常前，需要把本分支事务已经加的锁全释放
                // 这就要用到 lockHolder
                branchSession.unlock();
            } catch (TransactionException e) {
                throw new FrameworkException(e);
            }
            return false;
        }
    }
    return true;
}
```

6.5.2 文件锁管理器的释放全局锁

FileLockManager 为分支事务释放全局锁的入口在 AbstractLockManager.releaseLock()方法中，代码如下。

【源码解析】

```java
public boolean releaseLock(BranchSession branchSession) throws
    TransactionException {
    // 如果分支事务会话为空，则抛出异常
    if (branchSession == null) {
        throw new IllegalArgumentException(
            "branchSession can't be null for memory/file locker.");
    }
    // 得到分支事务加的所有行锁
    List<RowLock> locks = collectRowLocks(branchSession);
    try {
        // 释放所有行锁
        return getLocker(branchSession).releaseLock(locks);
    } catch (Exception t) {
        LOGGER.error("unLock error, branchSession:{}",
```

```
            branchSession, t);
        return false;
    }
}
```

在上方代码中,先通过 AbstractLockManager.collectRowLocks()方法把分支事务要加锁的字符串拆解为多个行锁,然后调用 FileLocker.releaseLock()方法一次性释放所有行锁。

下面看一下 FileLocker.releaseLock()方法是如何释放行锁的。

【源码解析】

```
public boolean releaseLock(List<RowLock> rowLock) {
    if (CollectionUtils.isEmpty(rowLock)) {
        // 如果没有行锁,则意味着不需要放锁,返回成功
        return true;
    }
    // 得到分支事务会话的 lockHolder
    ConcurrentMap<BucketLockMap, Set<String>> lockHolder =
        branchSession.getLockHolder();

    // 如果 lockHolder 为空,则表明不需要放锁,返回成功
    if (CollectionUtils.isEmpty(lockHolder)) {
        return true;
    }
    // 遍历 lockHolder
    for (Map.Entry<BucketLockMap, Set<String>> entry :
        lockHolder.entrySet()) {
        BucketLockMap bucket = entry.getKey();
        Set<String> keys = entry.getValue();
        // 遍历所有 Key(即数据库记录的主键)
        for (String key : keys) {
            // 从桶中删除一个键值对
            bucket.get().remove(key,
                branchSession.getTransactionId());
        }
    }
    // 清理 lockHolder
    lockHolder.clear();
    return true;
}
```

在上方代码中,先通过分支事务会话获取 lockHolder,然后根据 Set 中保存的主键从相应的桶中删除一个键值对。删除操作指定了 Key(主键)和 Value(全局事务 ID),如果主键对应的全局事务 ID 已经不是自己的,则不能将其删除。

Seata 设置了强制拿锁机制：如果一个事务在加全局锁后长时间没有释放，则在超过时间阈值后允许别的事务抢锁。这就有可能出现这样一种情况：前面那个长时间拿锁的事务在开始"放锁"时，发现根据 lockHolder 判断要释放的锁所对应的全局事务 ID 不是自己的；这时如果继续"放锁"，则会把别的全局事务加的锁误释放。显然这是错误的。

所以，需要通过以下行来确保要删除的 Key/Value 是正确的，即待放锁的主键所对应的值等于该分支事务的全局事务 ID：

```
bucket.get().remove(key, branchSession.getTransactionId())
```

# 第 3 篇
## Seata 开发实战

第 7 章

Seata AT 模式开发实例

7.1 AT 模式样例简介

Seata 官网提供了很多样例工程用来学习 AT 模式。本书选择 springboot-dubbo-seata 项目来学习，这是一个 Spring Boot + Dubbo + Seata 的示例。

样例的代码结构如图 7-1 所示。

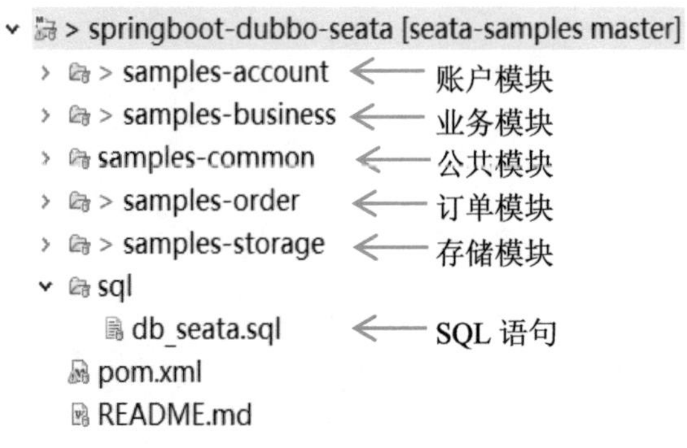

```
> springboot-dubbo-seata [seata-samples master]
  > samples-account        ← 账户模块
  > samples-business       ← 业务模块
    samples-common         ← 公共模块
  > samples-order          ← 订单模块
  > samples-storage        ← 存储模块
  ▼ sql
      db_seata.sql         ← SQL 语句
    pom.xml
    README.md
```

图 7-1

账户模块、订单模块和存储模块都是以 Dubbo 服务的形式提供服务的。业务模块是全局事务发起方（即事务注解@GlobalTransactional 的声明者），它定义了全局事务的范围。

7.2 准备工作

1. 数据库

创建 MySQL 数据库，库名为 seata；然后执行初始化脚本 db_seata.sql。

db_seata.sql 脚本如下：

```sql
SET FOREIGN_KEY_CHECKS=0;

-- ----------------------------
-- Table structure for t_account
-- ----------------------------
DROP TABLE IF EXISTS 't_account';
CREATE TABLE 't_account' (
  'id' int(11) NOT NULL AUTO_INCREMENT,
  'user_id' varchar(255) DEFAULT NULL,
  'amount' double(14,2) DEFAULT '0.00',
  PRIMARY KEY ('id')
) ENGINE=InnoDB AUTO_INCREMENT=2 DEFAULT CHARSET=utf8;

-- ----------------------------
-- Records of t_account
-- ----------------------------
INSERT INTO 't_account' VALUES ('1', '1', '4000.00');

-- ----------------------------
-- Table structure for t_order
-- ----------------------------
DROP TABLE IF EXISTS 't_order';
CREATE TABLE 't_order' (
  'id' int(11) NOT NULL AUTO_INCREMENT,
  'order_no' varchar(255) DEFAULT NULL,
  'user_id' varchar(255) DEFAULT NULL,
  'commodity_code' varchar(255) DEFAULT NULL,
  'count' int(11) DEFAULT '0',
  'amount' double(14,2) DEFAULT '0.00',
  PRIMARY KEY ('id')
) ENGINE=InnoDB AUTO_INCREMENT=64 DEFAULT CHARSET=utf8;

-- ----------------------------
-- Records of t_order
-- ----------------------------

-- ----------------------------
-- Table structure for t_storage
-- ----------------------------
DROP TABLE IF EXISTS 't_storage';
CREATE TABLE 't_storage' (
```

```
  'id' int(11) NOT NULL AUTO_INCREMENT,
  'commodity_code' varchar(255) DEFAULT NULL,
  'name' varchar(255) DEFAULT NULL,
  'count' int(11) DEFAULT '0',
  PRIMARY KEY ('id'),
  UNIQUE KEY 'commodity_code' ('commodity_code')
) ENGINE=InnoDB AUTO_INCREMENT=2 DEFAULT CHARSET=utf8;

-- ----------------------------
-- Records of t_storage
-- ----------------------------
INSERT INTO 't_storage' VALUES ('1', 'C201901140001', '水杯', '1000');

-- ----------------------------
-- Table structure for undo_log
-- ----------------------------
DROP TABLE IF EXISTS 'undo_log';
CREATE TABLE 'undo_log' (
  'id' bigint(20) NOT NULL AUTO_INCREMENT,
  'branch_id' bigint(20) NOT NULL,
  'xid' varchar(100) NOT NULL,
  'context' varchar(128) NOT NULL,
  'rollback_info' longblob NOT NULL,
  'log_status' int(11) NOT NULL,
  'log_created' datetime NOT NULL,
  'log_modified' datetime NOT NULL,
  PRIMARY KEY ('id'),
  UNIQUE KEY 'ux_undo_log' ('xid','branch_id')
) ENGINE=InnoDB AUTO_INCREMENT=1 DEFAULT CHARSET=utf8;

-- ----------------------------
-- Records of undo log
-- ----------------------------
SET FOREIGN_KEY_CHECKS=1;
```

这里创建了 4 个表：t_account、t_order、t_storage、undo_log。其中，undo_log 是 Seata 框架 AT 模式要用的事务日志表，其余 3 张表都是业务表。

> 为了简单，本实例将业务表放在同一个数据库中，实际上也可以将它们放在不同的数据库里。如果 t_account、t_order、t_storage 分属 3 个不同的数据库，则这 3 个数据库都要创建 undo_log 这张表。

2. 注册中心

本实例采用的注册中心是阿里巴巴开源的 Nacos。为防止因为 Dubbo 和 Nacos 版本不匹配而出现心跳请求出错的情况，请使用 Nacos 1.1.0 版本。

（1）下载并解压缩 Nacos 1.1.0，然后在 bin 目录下执行"startup.cmd"命令即可启动 Nacos（如图 7-2 所示），端口为 8848。

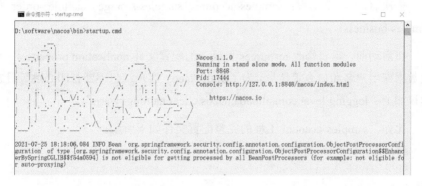

图 7-2

（2）通过浏览器访问控制台"http://127.0.0.1:8848/nacos/index.html"，默认户名与密码都是"nacos"。

3. Seata Server

从 Seata 官网下载 Seata Server，下载并解压缩后进入 bin 目录下执行以下命令：

```
seata-server.bat -p 8091 -h 127.0.0.1 -m file
```

运行效果如图 7-3 所示。

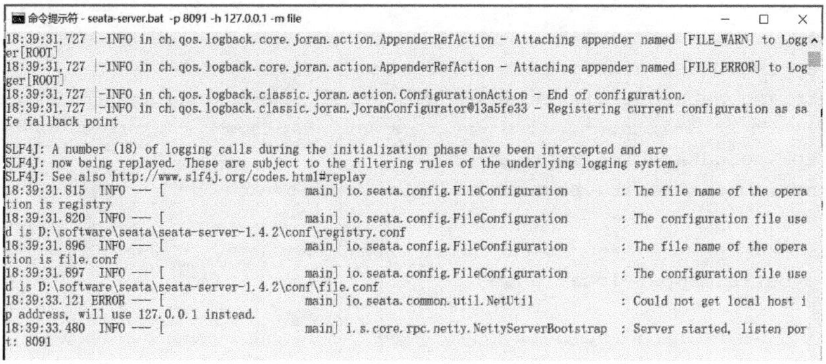

图 7-3

Seata Server 就是事务协调器。为了样例简单，这里使用的是单机版本，而非高可用版本。

7.3 运行样例工程

依次启动 4 个工程：samples-account、samples-storage、samples-order 和 samples-business。

在启动前，需要修改 resources 目录下的配置文件 application.properties，更改数据库用户名和口令等信息。为了防止 Nacos 客户端包不断打印心跳等日志，建议加上"logging.level.com.alibaba.nacos.client.naming=warn"。

比如，samples-account 工程的完整配置文件如下所示。

```
server.port=8102
spring.application.name=dubbo-account-example

#========================Dubbo config========================
dubbo.application.id= dubbo-account-example
dubbo.application.name= dubbo-account-example
dubbo.protocol.id=dubbo
dubbo.protocol.name=dubbo
dubbo.registry.id=dubbo-account-example-registry
dubbo.registry.address=nacos://127.0.0.1:8848
dubbo.protocol.port=20880
dubbo.application.qosEnable=false

#------------------------registry config------------------------
#Nacos\u6CE8\u518C\u4E2D\u5FC3
spring.cloud.nacos.discovery.server-addr=127.0.0.1:8848
management.endpoints.web.exposure.include=*

#========================mysql config========================
spring.datasource.driver-class-name=com.mysql.jdbc.Driver
spring.datasource.url=jdbc:mysql://127.0.0.1:3306/seata?useSSL=false&useUnicode=true&characterEncoding=utf-8&allowMultiQueries=true
spring.datasource.username=root
spring.datasource.password=123456

#========================mybatis config========================
mybatis.mapper-locations=classpath*:/mapper/*.xml

#========================nacos config========================
logging.level.com.alibaba.nacos.client.naming=warn
```

下面来看一下这 4 个工程是如何运行的。

- samples-account 工程运行的 Java 类是 AccountExampleApplication。
- samples-storage 工程运行的 Java 类是 StorageExampleApplication。
- samples-order 工程运行的 Java 类是 OrderExampleApplication。
- samples-business 工程运行的 Java 类是 BusinessExampleApplication。

用 Eclipse 启动了这 4 个工程，如图 7-4 所示。

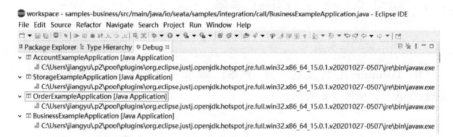

图 7-4

在 4 个工程启动后，通过 Nacos 控制台（http://127.0.0.1:8848/nacos/#/serviceManagement）可以看到服务已准备就绪，如图 7-5 所示。

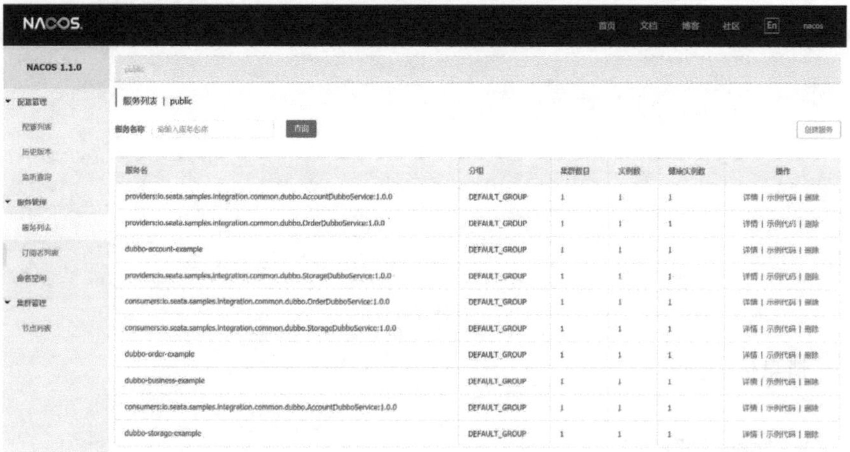

图 7-5

从图 7-5 中可以看到，启动了 3 个 Dubbo 服务提供者和 3 个 Dubbo 服务消费者，正常运行。

在运行事务前，先检查下数据库中数据：

- t_account 中只有一行记录，用户 ID（user_id）为 1，账户余额（amount）为 4000。
- t_storage 中只有一行记录，商品编码（commodity_code）为 "C201901140001"，名字（name）为"水杯"，数量（count）为 1000 个。
- t_order 没有记录。

7.4 验证 AT 模式分布式事务

1. 测试全局事务提交

用 Postman 工具发送一个 POST 请求 "http://localhost:8104/business/dubbo/buy"，如图 7-6 所示。

图 7-6

消息体为：

```
{
    "userId":"1",
    "commodityCode":"C201901140001",
    "name":"水杯",
    "count":2,
    "amount":"100"
}
```

该请求表示购买 2 个水杯，花费 100 元。在发出请求后，得到返回值 200，表示请求处理成功。

再次检查数据库里的值：

- 在 t_account 中只有一行记录，用户 ID（user_id）为 1，账户余额（amount）变为 3900。
- 在 t_storage 中只有一行记录，商品编码（commodity_code）为“C201901140001”，名字（name）为“水杯”，数量（count）变为 998 个。
- 在 t_order 中增加了一条记录（如图 7-7 所示），表示发生了一笔交易，购买了两个商品编号为“C201901140001”的商品（即两个水杯），交易额为 100 元。

t_order 1

select * from t_order　输入一个 SQL 表达式来过滤结果 (使用 Ctrl+Space)

	id	order_no	user_id	commodity_code	count	amount
1	64	49fbb29a03e24dc4bff811fadb11ee77	1	C201901140001	2	100

图 7-7

数据显然符合预期：库存数量减少两个，用户账户余额减少 100，表示发生了一笔交易。

看一下 samples-business 工程日志。它开启了一个全局事务 4773974424841277441，并完成了全局事务提交：

```
    2021-07-25 20:29:00.289  INFO 3816 --- [nio-8104-exec-2]
i.seata.tm.api.DefaultGlobalTransaction  : Begin new global transaction
[127.0.0.1:8091:4773974424841277441]
    开始全局事务，XID = 127.0.0.1:8091:4773974424841277441
    2021-07-25 20:29:01.613  INFO 3816 --- [nio-8104-exec-2]
i.seata.tm.api.DefaultGlobalTransaction  :
[127.0.0.1:8091:4773974424841277441] commit status: Committed
    2021-07-25 20:50:56.048  INFO 3816 --- [nio-8104-exec-5]
i.s.s.i.c.controller.BusinessController  : 请求参数：
BusinessDTO(userId=1, commodityCode=C201901140001, name=水杯, count=2,
amount=100)
```

再看一下 samples-storage 工程日志。它参与了这个全局事务，创建了一个分支事务 4773974424841277442，并完成了二阶段分支事务提交：

```
    全局事务 id : 127.0.0.1:8091:4773974424841277441
    2021-07-25 20:29:00.701  WARN 3328 --- [:20882-thread-2]
ServiceLoader$InnerEnhancedServiceLoader : Load
[io.seata.rm.datasource.undo.parser.ProtostuffUndoLogParser] class
fail. io/protostuff/runtime/IdStrategy
    2021-07-25 20:29:02.468  INFO 3328 --- [h_RMROLE_1_1_16]
```

```
i.s.c.r.p.c.RmBranchCommitProcessor      : rm client handle branch commit
process:xid=127.0.0.1:8091:4773974424841277441,branchId=4773974424841
277442,branchType=AT,resourceId=jdbc:mysql://127.0.0.1:3306/seata,app
licationData=null
    2021-07-25 20:29:02.472  INFO 3328 --- [h_RMROLE_1_1_16]
io.seata.rm.AbstractRMHandler            : Branch committing:
127.0.0.1:8091:4773974424841277441 4773974424841277442
jdbc:mysql://127.0.0.1:3306/seata null
    2021-07-25 20:29:02.474  INFO 3328 --- [h_RMROLE_1_1_16]
io.seata.rm.AbstractRMHandler            : Branch commit result:
PhaseTwo_Committed
```

接着看一下 samples-account 工程日志。它参与了这个全局事务，创建了一个分支事务 4773974424841277443，并完成了二阶段分支事务提交：

```
全局事务 id：127.0.0.1:8091:4773974424841277441
    2021-07-25 20:29:01.115  WARN 11424 --- [:20880-thread-5]
ServiceLoader$InnerEnhancedServiceLoader : Load
[io.seata.rm.datasource.undo.parser.ProtostuffUndoLogParser] class
fail. io/protostuff/runtime/IdStrategy
    2021-07-25 20:29:02.486  INFO 11424 --- [h_RMROLE_1_1_16]
i.s.c.r.p.c.RmBranchCommitProcessor      : rm client handle branch commit
process:xid=127.0.0.1:8091:4773974424841277441,branchId=4773974424841
277443,branchType=AT,resourceId=jdbc:mysql://127.0.0.1:3306/seata,app
licationData=null
    2021-07-25 20:29:02.487  INFO 11424 --- [h_RMROLE_1_1_16]
io.seata.rm.AbstractRMHandler            : Branch committing:
127.0.0.1:8091:4773974424841277441 4773974424841277443
jdbc:mysql://127.0.0.1:3306/seata null
    2021-07-25 20:29:02.489  INFO 11424 --- [h_RMROLE_1_1_16]
io.seata.rm.AbstractRMHandler            : Branch commit result:
PhaseTwo_Committed
```

最后看一下 samples-order 工程日志。它参与了这个全局事务，创建了一个分支事务 4773974424841277444，并完成了二阶段分支事务提交：

```
全局事务 id：127.0.0.1:8091:4773974424841277441
    2021-07-25 20:29:01.530  WARN 15204 --- [:20881-thread-2]
ServiceLoader$InnerEnhancedServiceLoader : Load
[io.seata.rm.datasource.undo.parser.ProtostuffUndoLogParser] class
fail. io/protostuff/runtime/IdStrategy
    2021-07-25 20:29:02.496  INFO 15204 --- [h_RMROLE_1_1_16]
i.s.c.r.p.c.RmBranchCommitProcessor      : rm client handle branch commit
process:xid=127.0.0.1:8091:4773974424841277441,branchId=4773974424841
277444,branchType=AT,resourceId=jdbc:mysql://127.0.0.1:3306/seata,app
licationData=null
    2021-07-25 20:29:02.497  INFO 15204 --- [h_RMROLE_1_1_16]
io.seata.rm.AbstractRMHandler            : Branch committing:
127.0.0.1:8091:4773974424841277441 4773974424841277444
```

```
jdbc:mysql://127.0.0.1:3306/seata null
    2021-07-25 20:29:02.498  INFO 15204 --- [h_RMROLE_1_1_16]
io.seata.rm.AbstractRMHandler        : Branch commit result:
PhaseTwo_Committed
```

2. 测试全局事务回滚

为了测试异常情况下是否可以正常回滚，修改 samples-business 工程中的 BusinessServiceImpl 类，以主动抛出异常：

```
if (!flag) {
  throw new RuntimeException("测试抛出异常后，分布式事务回滚！");
}
```

重启 samples-business 工程，重新发送 POST 请求，可以看到返回操作失败，如图 7-8 所示。

图 7-8

再检查数据库，发现 3 张表里的数据与上次正常提交测试后的数据完全一样，没有发生数据改变。

接着看一下 BusinessServiceImpl.handleBusiness()方法的具体实现：

```
@GlobalTransactional(timeoutMills = 300000, name =
"dubbo-gts-seata-example")
public ObjectResponse handleBusiness(BusinessDTO businessDTO) {
    System.out.println("开始全局事务，XID = " + RootContext.getXID());
    ObjectResponse<Object> objectResponse = new ObjectResponse<>();
```

```java
// 扣减库存
CommodityDTO commodityDTO = new CommodityDTO();
commodityDTO.setCommodityCode(businessDTO.getCommodityCode());
commodityDTO.setCount(businessDTO.getCount());
ObjectResponse storageResponse = storageDubboService
    .decreaseStorage(commodityDTO);
// 创建订单
OrderDTO orderDTO = new OrderDTO();
orderDTO.setUserId(businessDTO.getUserId());
orderDTO.setCommodityCode(businessDTO.getCommodityCode());
orderDTO.setOrderCount(businessDTO.getCount());
orderDTO.setOrderAmount(businessDTO.getAmount());
ObjectResponse<OrderDTO> response = orderDubboService
    .createOrder(orderDTO);

// 在打开注释测试事务发生异常后，全局回滚功能
if (!flag) {
    throw new RuntimeException("测试抛出异常后，分布式事务回滚！");
}

if (storageResponse.getStatus() != 200
    || response.getStatus() != 200) {
    throw new DefaultException(RspStatusEnum.FAIL);
}

objectResponse.setStatus(RspStatusEnum.SUCCESS.getCode());
objectResponse.setMessage(RspStatusEnum.SUCCESS.getMessage());
objectResponse.setData(response.getData());
return objectResponse;
}
```

在上方代码中，声明了开启全局事务注解@lobalTransactional，表示在该方法中调用的服务都在一个分布式事务中。

在该方法中，调用扣减库存服务（samples-storage 工程提供服务）更新 t_storage 表中的相应记录，并调用了创建订单服务（samples-order 工程提供服务）。由于"flag"变量的值为 false，所以，后面一定会抛出异常 RuntimeException("测试抛出异常后，分布式事务回滚！")。

创建订单服务除在 t_order 表中插入一行记录外，还会调用 accountDubboService.decreaseAccount() 方法扣减用户账户余额服务（samples-account 工程提供服务），即更新 t_account 表中的相应记录。

下面看一下订单服务的 TOrderServiceImpl.createOrder() 方法：

```java
//创建订单
public ObjectResponse<OrderDTO> createOrder(OrderDTO orderDTO) {
```

```java
ObjectResponse<OrderDTO> response = new ObjectResponse<>();
//扣减用户账户余额
AccountDTO accountDTO = new AccountDTO();
accountDTO.setUserId(orderDTO.getUserId());
accountDTO.setAmount(orderDTO.getOrderAmount());
ObjectResponse objectResponse = accountDubboService
   .decreaseAccount(accountDTO);

//生成订单号
orderDTO.setOrderNo(UUID.randomUUID().toString()
   .replace("-",""));

//生成订单
TOrder tOrder = new TOrder();
BeanUtils.copyProperties(orderDTO,tOrder);
tOrder.setCount(orderDTO.getOrderCount());
tOrder.setAmount(orderDTO.getOrderAmount().doubleValue());
try {
    baseMapper.createOrder(tOrder);
} catch (Exception e) {
    response.setStatus(RspStatusEnum.FAIL.getCode());
    response.setMessage(RspStatusEnum.FAIL.getMessage());
    return response;
}

if (objectResponse.getStatus() != 200) {
    response.setStatus(RspStatusEnum.FAIL.getCode());
    response.setMessage(RspStatusEnum.FAIL.getMessage());
    return response;
}

response.setStatus(RspStatusEnum.SUCCESS.getCode());
response.setMessage(RspStatusEnum.SUCCESS.getMessage());
return response;
}
```

如果没有声明 Seata 全局事务，则在后面抛出异常 RuntimeException("测试抛出异常后，分布式事务回滚！")时，前面调用的 3 个服务已经完成，那 3 张表的数据应该已经变更了。但实际情况是，这 3 张表数据没有变更，整个全局事务正确完成了回滚。

下面再看一下几个工程中的日志以印证判断。

先看一下 samples-business 工程日志。它开启了一个全局事务 4773974424841277449，并完成了全局事务回滚：

```
2021-07-25 21:24:11.831  INFO 21064 --- [nio-8104-exec-2]
i.seata.tm.api.DefaultGlobalTransaction  : Begin new global transaction
```

```
[127.0.0.1:8091:4773974424841277449]
    开始全局事务，XID = 127.0.0.1:8091:4773974424841277449
    2021-07-25 21:24:12.427  INFO 21064 --- [nio-8104-exec-2]
i.seata.tm.api.DefaultGlobalTransaction   :
[127.0.0.1:8091:4773974424841277449] rollback status: Rollbacked
    2021-07-25 21:24:12.436 ERROR 21064 --- [nio-8104-exec-2]
o.a.c.c.C.[.[./].[dispatcherServlet]      : Servlet.service() for servlet
[dispatcherServlet] in context with path [] threw exception [Request
processing failed; nested exception is java.lang.RuntimeException: 测试
抛异常后，分布式事务回滚!] with root cause

    java.lang.RuntimeException: 测试抛出异常后，分布式事务回滚!
```

再看一下 samples-storage 工程日志。它参与了这个全局事务，创建了一个分支事务 4773974424841277450，并完成了二阶段分支事务回滚：

```
    全局事务id：127.0.0.1:8091:4773974424841277449
    2021-07-25 21:24:12.299  INFO 3328 --- [h_RMROLE_1_3_16]
i.s.c.r.p.c.RmBranchRollbackProcessor   : rm handle branch rollback
process:xid=127.0.0.1:8091:4773974424841277449,branchId=4773974424841
277450,branchType=AT,resourceId=jdbc:mysql://127.0.0.1:3306/seata,app
licationData=null
    2021-07-25 21:24:12.301  INFO 3328 --- [h_RMROLE_1_3_16]
io.seata.rm.AbstractRMHandler           : Branch Rollbacking:
127.0.0.1:8091:4773974424841277449 4773974424841277450
jdbc:mysql://127.0.0.1:3306/seata
    2021-07-25 21:24:12.419  INFO 3328 --- [h_RMROLE_1_3_16]
i.s.r.d.undo.AbstractUndoLogManager     : xid
127.0.0.1:8091:4773974424841277449 branch 4773974424841277450, undo_log
deleted with GlobalFinished
    2021-07-25 21:24:12.420  INFO 3328 --- [h_RMROLE_1_3_16]
io.seata.rm.AbstractRMHandler           : Branch Rollbacked result:
PhaseTwo_Rollbacked
```

接着看一下 samples-account 工程日志。它参与了这个全局事务，创建了一个分支事务 4773974424841277451，并完成了二阶段分支事务回滚：

```
    全局事务id：127.0.0.1:8091:4773974424841277449
    2021-07-25 21:24:12.185  INFO 11424 --- [h_RMROLE_1_3_16]
i.s.c.r.p.c.RmBranchRollbackProcessor   : rm handle branch rollback
process:xid=127.0.0.1:8091:4773974424841277449,branchId=4773974424841
277451,branchType=AT,resourceId=jdbc:mysql://127.0.0.1:3306/seata,app
licationData=null
    2021-07-25 21:24:12.186  INFO 11424 --- [h_RMROLE_1_3_16]
io.seata.rm.AbstractRMHandler           : Branch Rollbacking:
127.0.0.1:8091:4773974424841277449 4773974424841277451
jdbc:mysql://127.0.0.1:3306/seata
    2021-07-25 21:24:12.294  INFO 11424 --- [h_RMROLE_1_3_16]
i.s.r.d.undo.AbstractUndoLogManager     : xid
```

```
127.0.0.1:8091:4773974424841277449 branch 4773974424841277451, undo_log
deleted with GlobalFinished
    2021-07-25 21:24:12.295  INFO 11424 --- [h_RMROLE_1_3_16]
io.seata.rm.AbstractRMHandler            : Branch Rollbacked result:
PhaseTwo_Rollbacked
```

最后看一下 samples-order 工程日志。它参与了这个全局事务，创建了一个分支事务 4773974424841277452，并完成了二阶段分支事务回滚：

```
全局事务 id：127.0.0.1:8091:4773974424841277449
    2021-07-25 21:24:12.090  INFO 15204 --- [h_RMROLE_1_3_16]
i.s.c.r.p.c.RmBranchRollbackProcessor    : rm handle branch rollback
process:xid=127.0.0.1:8091:4773974424841277449,branchId=4773974424841
277452,branchType=AT,resourceId=jdbc:mysql://127.0.0.1:3306/seata,app
licationData=null
    2021-07-25 21:24:12.091  INFO 15204 --- [h_RMROLE_1_3_16]
io.seata.rm.AbstractRMHandler            : Branch Rollbacking:
127.0.0.1:8091:4773974424841277449 4773974424841277452
jdbc:mysql://127.0.0.1:3306/seata
    2021-07-25 21:24:12.180  INFO 15204 --- [h_RMROLE_1_3_16]
i.s.r.d.undo.AbstractUndoLogManager      : xid
127.0.0.1:8091:4773974424841277449 branch 4773974424841277452, undo_log
deleted with GlobalFinished
    2021-07-25 21:24:12.180  INFO 15204 --- [h_RMROLE_1_3_16]
io.seata.rm.AbstractRMHandler            : Branch Rollbacked result:
PhaseTwo_Rollbacked
```

4 个工程的日志很清晰地说明了分布式事务的开始及二阶段回滚过程。通过日志，我们可以理解 Seata 事务的工作流程。

第 8 章

Seata TCC 模式开发实例

8.1 TCC 模式样例简介

Seata 官网提供了多个 TCC 样例，本章选择其中比较经典的转账例子进行剖析，这样读者可以对 TCC 模式有更深入的理解。

样例的代码结构如图 8-1 所示。

- 在 io.seata.samples.tcc.transfer 包中只定义了一个 keeper 类，作用是保持应用运行（否则会快速运行完成并退出）。在启动 Dubbo 服务时会调用它。
- 在 io.seata.samples.tcc.transfer.action 包中定义了 TCC 参与者接口，其中，FirstTccAction 为扣钱 TCC 服务接口，SecondTccAction 为加钱 TCC 服务接口。
- 在 io.seata.samples.tcc.transfer.action.impl 包中定义了 TCC 实现类，包括 FirstTccActionImpl 和 SecondTccActionImpl 两个类。
- 在 io.seata.samples.tcc.transfer.activity 包中定义了转账服务接口 TransferService。
- 在 io.seata.samples.tcc.transfer.activity.impl 包中定义转账服务实现类 TransferServiceImpl，该类声明了事务注解@GlobalTransactional，即定义全局事务范围。
- 在 io.seata.samples.tcc.transfer.dao 包中定义了账户业务的数据库操作 DAO 接口。

```
> transfer-tcc-sample [seata-samples master]
  > src/main/java
    > io.seata.samples.tcc.transfer
      > ApplicationKeeper.java
    > io.seata.samples.tcc.transfer.action
      > FirstTccAction.java
      > SecondTccAction.java
    > io.seata.samples.tcc.transfer.action.impl
      > FirstTccActionImpl.java
      > SecondTccActionImpl.java
    > io.seata.samples.tcc.transfer.activity
      > TransferService.java
    > io.seata.samples.tcc.transfer.activity.impl
      > TransferServiceImpl.java
    > io.seata.samples.tcc.transfer.dao
      > AccountDAO.java
    > io.seata.samples.tcc.transfer.dao.impl
      > AccountDAOImpl.java
    > io.seata.samples.tcc.transfer.domains
      > Account.java
    > io.seata.samples.tcc.transfer.env
      > TransferDataPrepares.java
    > io.seata.samples.tcc.transfer.starter
      > TransferApplication.java
      > TransferProviderStarter.java
  > src/main/resources
    > db-bean
       > from-datasource-bean.xml
       > to-datasource-bean.xml
    > spring
       > seata-dubbo-provider.xml
       > seata-dubbo-reference.xml
       seata-tcc.xml
    > sqlmap
       account.xml
       sqlMapConfig.xml
    file.conf
    registry.conf
```

图 8-1

- 在 io.seata.samples.tcc.transfer.dao.impl 包中定义了 DAO 实现类 AccountDAOImpl。
- 在 io.seata.samples.tcc.transfer.domains 包中定义了账户数据结构，包括账户 ID、余额、冻结金额等信息。
- 在 io.seata.samples.tcc.transfer.env 包中，通过 TransferDataPrepares 类完成了数据库准备工作（包括建表、初始化数据等）。
- 在 io.seata.samples.tcc.transfer.starter 包中，定义了 Dubbo 服务提供者 TransferProviderStarter 和发起转账的应用 TransferApplication。
- 在 resources 目录中定义了数据源相关 bean 配置、Dubbo 服务提供者和消费者配置、MyBatis 配置。

对于 TCC 模式事务来说，最复杂的工作是实现 TCC 服务接口，需要根据不同业务场景做不同的实现。

下面先看一下扣钱业务的 TCC 模式实现。

8.1.1 扣钱业务的 TCC 模式实现

扣钱业务的 TCC 服务接口定义如下：

```java
public interface FirstTccAction {
    // 一阶段try()方法
    @TwoPhaseBusinessAction(name = "firstTccAction", commitMethod
        = "commit", rollbackMethod = "rollback")
    public boolean prepareMinus(BusinessActionContext
        businessActionContext,
        @BusinessActionContextParameter(paramName = "accountNo")
            String accountNo,
        @BusinessActionContextParameter(paramName = "amount")
            double amount);

    // 二阶段提交
    public boolean commit(BusinessActionContext
        businessActionContext);

    // 二阶段回滚
    public boolean rollback(BusinessActionContext
        businessActionContext);
}
```

try()、confirm()、cancel()方法分别对应着 prepareMinus()、commit()、rollback()这 3 个方法。

下面看一下 FirstTccActionImpl.prepareMinus()方法是如何实现的：

```java
public boolean prepareMinus(BusinessActionContext
    businessActionContext,
    final String accountNo,
    final double amount) {
    // 得到XID
    final String xid = businessActionContext.getXid();
    return fromDsTransactionTemplate.execute(
        new TransactionCallback<Boolean>(){
        public Boolean doInTransaction(TransactionStatus status) {
            try {
                // 校验账户余额
                Account account = fromAccountDAO
```

```
            .getAccountForUpdate(accountNo);
        if(account == null){
            throw new RuntimeException("账户不存在");
        }
        if (account.getAmount() - amount < 0) {
            throw new RuntimeException("余额不足");
        }
        // 冻结转账金额
        double freezedAmount = account.getFreezedAmount()
 + amount;
        account.setFreezedAmount(freezedAmount);
        fromAccountDAO.updateFreezedAmount(account);
        System.out.println(String.format("prepareMinus
account[%s] amount[%f], dtx transaction id: %s.", accountNo, amount,
xid));
        return true;
    } catch (Throwable t) {
        t.printStackTrace();
        status.setRollbackOnly();
        return false;
    }
  }
});
}
```

该方法并不直接从账户扣钱，而是在账户存在且余额足够的情况下，将要扣的金额冻结，并更新账户冻结转账金额。只有冻结转账金额成功，扣钱业务的 try() 方法才算成功。

如果扣钱业务和加钱业务的 try() 方法都成功，则会发起全局提交，由 TC 推进二阶段提交，调用各自的 confirm() 方法。

下面看一下扣钱业务对应的 FirstTccActionImpl.commit() 方法：

```
public boolean commit(BusinessActionContext
businessActionContext) {
    // 得到XID
    final String xid = businessActionContext.getXid();
    // 账户ID
    final String accountNo = String.valueOf(businessActionContext
        .getActionContext("accountNo"));
    // 转出金额
    final double amount = Double.valueOf(String.valueOf(
        businessActionContext.getActionContext("amount")));
    return fromDsTransactionTemplate.execute(new
        TransactionCallback<Boolean>() {
      public Boolean doInTransaction(TransactionStatus status) {
          try{
```

```java
            Account account = fromAccountDAO
                .getAccountForUpdate(accountNo);
            // 扣除账户余额
            double newAmount = account.getAmount() - amount;
            if (newAmount < 0) {
                throw new RuntimeException("余额不足");
            }
            account.setAmount(newAmount);
            // 释放账户冻结金额
            account.setFreezedAmount(account.getFreezedAmount()
                - amount);
            fromAccountDAO.updateAmount(account);
            System.out.println(String.format("minus account[%s] amount[%f], dtx transaction id: %s.", accountNo, amount, xid));
            return true;
        }catch (Throwable t){
            t.printStackTrace();
            status.setRollbackOnly();
            return false;
        }
      }
    });
}
```

该方法最主要的逻辑是：在一个本地事务内，完成账户余额的扣减与冻结金额的释放。这样账户才真正实现了扣钱。

如果全局事务碰到任何异常，或者发生全局事务超时，则全局事务回滚，TC 推进二阶段回滚，调用各自的 cancel() 方法。

下面看一下扣钱业务对应的 FirstTccActionImpl.rollback() 方法：

```java
public boolean rollback(BusinessActionContext
    businessActionContext) {
    // 分布式事务 ID
    final String xid = businessActionContext.getXid();
    // 账户 ID
    final String accountNo = String.valueOf(businessActionContext
        .getActionContext("accountNo"));
    // 转出金额
    final double amount = Double.valueOf(String.valueOf(
        businessActionContext.getActionContext("amount")));
    return fromDsTransactionTemplate.execute(
      new TransactionCallback<Boolean>() {
        public Boolean doInTransaction(TransactionStatus status) {
            try{
                Account account = fromAccountDAO
                    .getAccountForUpdate(accountNo);
                if(account == null){
```

```
                    //如果账户不存在，则回滚
                    return true;
                }
                // 释放冻结金额
                account.setFreezedAmount(account.getFreezedAmount()
                    - amount);
                fromAccountDAO.updateFreezedAmount(account);
                System.out.println(String.format("Undo prepareMinus
account[%s] amount[%f], dtx transaction id: %s.", accountNo, amount,
xid));
                return true;
            }catch (Throwable t){
                t.printStackTrace();
                status.setRollbackOnly();
                return false;
            }
        }
    });
}
```

该方法的最主要工作就是释放冻结金额。达成的效果是：好像 FirstTccActionImpl.prepareMinus()方法没有在该全局事务中调用过一样。

TCC 模式的特点是可以实现得灵活［只要 try()、confirm()、cancel()这 3 个方法配合合理即可］。在这个扣钱业务中也可以采用补偿模式：在 try()方法中扣除账户余额，在 cancel()方法中把扣除的余额加回去。

8.1.2 加钱业务的 TCC 模式实现

扣钱业务的 TCC 服务接口定义如下：

```
public interface SecondTccAction {
    // 一阶段 try()方法
    @TwoPhaseBusinessAction(name = "secondTccAction", commitMethod =
"commit", rollbackMethod = "rollback")
    public boolean prepareAdd(BusinessActionContext
        businessActionContext,
        @BusinessActionContextParameter(paramName = "accountNo")
        String accountNo,
        @BusinessActionContextParameter(paramName = "amount")
        double amount);

    // 二阶段提交
    public boolean commit(BusinessActionContext
        businessActionContext);

    // 二阶段回滚
```

```java
    public boolean rollback(BusinessActionContext
        businessActionContext);
}
```

try()、confirm()、cancel()方法分别对应着 prepareAdd()、commit()、rollback() 这 3 个方法。

再看一下 SecondTccActionImpl.prepareAdd()方法是如何实现的：

```java
public boolean prepareAdd(final BusinessActionContext
    businessActionContext,
    final String accountNo,
    final double amount) {
    // 得到XID
    final String xid = businessActionContext.getXid();

    return toDsTransactionTemplate.execute(
        new TransactionCallback<Boolean>(){
        public Boolean doInTransaction(TransactionStatus status) {
            try {
                // 校验账户
                Account account = toAccountDAO
                    .getAccountForUpdate(accountNo);
                if(account == null){
                    System.out.println("prepareAdd: 账户["+accountNo+"]不存在, txId:" + businessActionContext.getXid());
                    return false;
                }
                // 将待转入资金作为不可用金额
                double freezedAmount = account.getFreezedAmount()
                    + amount;
                account.setFreezedAmount(freezedAmount);
                toAccountDAO.updateFreezedAmount(account);
                System.out.println(String.format("prepareAdd account[%s] amount[%f], dtx transaction id: %s.", accountNo, amount, xid));
                return true;
            } catch (Throwable t) {
                t.printStackTrace();
                status.setRollbackOnly();
                return false;
            }
        }
    });
}
```

该方法最主要的逻辑是：把待转入金额冻结，等到二阶段提交时再把待转入金额加到账户余额上，并释放一阶段冻结的金额。

下面看一下二阶段提交方法 SecondTccActionImpl.commit() 的具体实现：

```java
public boolean commit(BusinessActionContext
    businessActionContext) {
    // 得到 XID
    final String xid = businessActionContext.getXid();
    // 账户 ID
    final String accountNo = String.valueOf(businessActionContext
        .getActionContext("accountNo"));
    // 转出金额
    final double amount = Double.valueOf(String.valueOf(
        businessActionContext.getActionContext("amount")));
    return toDsTransactionTemplate.execute(
        new TransactionCallback<Boolean>() {
            public Boolean doInTransaction(TransactionStatus status) {
                try{
                    Account account = toAccountDAO
                        .getAccountForUpdate(accountNo);
                    // 账户余额的增加
                    double newAmount = account.getAmount() + amount;
                    account.setAmount(newAmount);
                    // 冻结金额的释放
                    account.setFreezedAmount(account.getFreezedAmount()
                        - amount);
                    toAccountDAO.updateAmount(account);

                    System.out.println(String.format("add account[%s] amount[%f], dtx transaction id: %s.", accountNo, amount, xid));
                    return true;
                }catch (Throwable t){
                    t.printStackTrace();
                    status.setRollbackOnly();
                    return false;
                }
            }
        });
}
```

该方法最主要的逻辑是：在一个本地事务内，完成账户余额的增加与冻结金额的释放。这样账户才真正实现了加钱。

如果全局事务发生异常或超时，则调用二阶段回滚方法。下面看一下 SecondTccActionImpl.rollback() 方法的具体实现：

```java
public boolean rollback(BusinessActionContext
    businessActionContext) {
    // 得到 XID
    final String xid = businessActionContext.getXid();
    // 账户 ID
```

```java
        final String accountNo = String.valueOf(
            businessActionContext.getActionContext("accountNo"));
    //转出金额
        final double amount = Double.valueOf(String.valueOf(
            businessActionContext.getActionContext("amount")));
        return toDsTransactionTemplate.execute(
            new TransactionCallback<Boolean>() {
            public Boolean doInTransaction(TransactionStatus status) {
                try{
                    Account account = toAccountDAO
                        .getAccountForUpdate(accountNo);
                    if(account == null){
                        // 如果账户不存在,则无需回滚动作
                        return true;
                    }
                    // 清除冻结金额
                    account.setFreezedAmount(account.getFreezedAmount()
                        - amount);
                    toAccountDAO.updateFreezedAmount(account);

                    System.out.println(String.format("Undo prepareAdd account[%s] amount[%f], dtx transaction id: %s.", accountNo, amount, xid));

                    return true;
                }catch (Throwable t){
                    t.printStackTrace();
                    status.setRollbackOnly();
                    return false;
                }
            }
        });
    }
```

该方法的主要逻辑是释放一阶段冻结的金额。达成的效果是：就好像 SecondTccActionImpl.prepareAdd()没有在该全局事务中调用过一样。

下面再看一下转账业务这个全局事务是如何实现的。

8.1.3 转账业务的全局事务

转账业务的全局事务是在 TransferServiceImpl.transfer()方法中实现的。为了观察事务进行中数据库中数据的变化，这里在样例代码的基础上增加了两次休眠（sleep），分别在扣钱业务 prepareMinus()方法完成后和加钱业务 prepareAdd()方法完成后。具体代码如下：

```java
/**
 * 转账操作
 * @param from 扣钱账户
 * @param to 加钱账户
 * @param amount 转账金额
 * @return
 */
@GlobalTransactional
public boolean transfer(final String from, final String to,
    final double amount) {
    // 扣钱参与者,一阶段执行
    boolean ret = firstTccAction.prepareMinus(null, from, amount);
    // 休眠 20s, 期间可以观察数据库中数据的变化
    try {
        Thread.sleep(20000);
    } catch (InterruptedException e) {
        e.printStackTrace();
    }

    if(!ret){
    // 扣钱参与者,一阶段失败;回滚本地事务和分布式事务
        throw new RuntimeException("账号:["+from+"] 预扣款失败");
    }

    // 加钱参与者,一阶段执行
    ret = secondTccAction.prepareAdd(null, to, amount);
    // 休眠 20s, 期间可以观察数据库中数据的变化
    try {
        Thread.sleep(20000);
    } catch (InterruptedException e) {
        e.printStackTrace();
    }

    if(!ret){
        throw new RuntimeException("账号:["+to+"] 预收款失败");
    }

    System.out.println(String.format("transfer amount[%s] from [%s] to [%s] finish.", String.valueOf(amount), from, to));
    return true;
}
```

代码很简单,声明一个全局事务注解@GlobalTransactional,在方法内调用了扣钱和加钱的 try()方法。这样就可以保证:只要转账业务成功,扣钱和加钱业务的 confirm()方法一定都会被调用到;而如果转账失败,则扣钱和加钱业务的 cancel()方法也一定都会被调用到。

8.2 运行样例工程

（1）启动 Seata Server，启动方式与 AT 模式样例相同：

```
seata-server.bat -p 8091 -h 127.0.0.1 -m file
```

（2）启动 Dubbo 服务，即运行 TransferProviderStarter 类，它会发布 TCC Dubbo 服务并初始化数据库。

> 由于本样例中用的数据库为 h2，不方便观察运行结果，所以把它改成 MySQL：先手工创建数据库 transfer_from_db 和 transfer_to_db，然后分别修改 resources/db-bean 目录下 from-datasource-bean.xml 和 to-datasource-bean.xml 中的数据源配置。

（3）在 from-datasource-bean.xml 中修改 "fromAccountDataSource" bean 的配置如下：

```xml
<bean id="fromAccountDataSource"
class="org.apache.commons.dbcp.BasicDataSource"
destroy-method="close">
    <property name="driverClassName">
        <value>com.mysql.jdbc.Driver</value>
    </property>
    <property name="url">
        <value>jdbc:mysql://127.0.0.1:3306/transfer_from_db</value>
    </property>
    <property name="username">
        <value>xxx</value>
    </property>
    <property name="password">
        <value>xxx</value>
    </property>
</bean>
```

（4）在 username 和 password 这两项中填上 transfer_from_db 库的用户名和口令。

在 to-datasource-bean.xml 中修改 "toAccountDataSource" bean 的配置，与 from-datasource-bean.xml 中修改类似——将数据库换为 transfer_to_db，并修改 username 和 password。

(5) 编译后运行,控制台输出如下所示。

```
...
创建 business_activity 表成功
创建 business_action 表成功
创建 account 表成功

 [2m18:49:41.371[0;39m [32m INFO[0;39m [2m---[0;39m
[2m[                    main][0;39m
[36mi.s.s.tcc.transfer.ApplicationKeeper     [0;39m [2m:[0;39m
Application is keep running ...
```

在 TransferProviderStarter 启动后,初始化扣钱账户数据库和加钱账户数据库,分别查一下数据。

- 扣钱账户数据库 transfer_from_db 如图 8-2 所示。其中共有两个账户——A 和 B,各自有 100 元,没有冻结金额。

```
mysql> select * from account;
+------------+--------+---------------+
| account_no | amount | freezed_amount |
+------------+--------+---------------+
| A          |    100 |             0 |
| B          |    100 |             0 |
+------------+--------+---------------+
2 rows in set (0.00 sec)
```

图 8-2

- 加钱账户数据库 transfer_to_db 如图 8-3 所示。其中只有一个账户 C,余额 100 元,没有冻结金额。

```
mysql> select * from account;
+------------+--------+---------------+
| account_no | amount | freezed_amount |
+------------+--------+---------------+
| C          |    100 |             0 |
+------------+--------+---------------+
1 row in set (0.00 sec)
```

图 8-3

然后启动 TCC 转账样例,验证全局事务提交与全局事务回滚是否符合预期。

8.2.1 测试全局事务提交

TCC 转账样例的主类是 TransferApplication。先让它运行 doTransferSuccess() 方法,以测试全局事务提交。doTransferSuccess()方法调用 doTransfer()方法,实

现从 A 账户向 C 账户转账 10 元（transferAmount=10）：

```
doTransfer("A", "C", transferAmount);
```

看一下 doTransfer()方法：

```
private static boolean doTransfer(String from, String to, double
    transferAmount) {
    //转账操作
    boolean ret = transferService.transfer(from, to,
        transferAmount);
    if(ret){
        System.out.println("从账户"+from+"向"+to
            +"转账 "+transferAmount+"元 成功.");
        System.out.println();
    }else {
        System.out.println("从账户"+from+"向"+to
            +"转账 "+transferAmount+"元 失败.");
        System.out.println();
    }
    return ret;
}
```

该方法的主要逻辑是调用转账服务。转账服务由 TransferServiceImpl.transfer()方法提供，它会开启一个全局事务。

由于在 transfer_from_db 库中存在 A 账户，余额超过 10 元，且在 transfer_to_db 库中存在 C 账户，所以，doTransferSuccess()调用的全局事务能够正常提交。

在样例启动后，先创建了一个全局事务，然后调用扣钱服务的 try()方法注册了一个分支事务。从 Seata Server 日志中可以看到：

```
// 创建了一个 ID 为 8493952306717544470 的全局事务
18:50:55.296  INFO --- [rverHandlerThread_1_8_500]
i.s.s.coordinator.DefaultCoordinator      : Begin new global transaction
applicationId: tcc-sample,transactionServiceGroup: my_test_tx_group,
transactionName: transfer(java.lang.String, java.lang.String,
double),timeout:60000,xid:192.168.1.101:8091:8493952306717544470
   18:50:55.380  INFO --- [rverHandlerThread_1_9_500]
i.s.c.r.processor.server.RegRmProcessor   : RM register
success,message:RegisterRMRequest{resourceIds='null',
applicationId='tcc-sample',
transactionServiceGroup='my_test_tx_group'},channel:[id: 0x75c2e019,
L:/127.0.0.1:8091 - R:/127.0.0.1:53474],client version:1.4.0
   18:50:55.384  INFO --- [    batchLoggerPrint_1_1]
i.s.c.r.p.server.BatchLogHandler         : SeataMergeMessage
xid=192.168.1.101:8091:8493952306717544470,branchType=TCC,resourceId=
```

```
firstTccAction,lockKey=null,clientIp:127.0.0.1,vgroup:my_test_tx_grou
p
    // 注册了一个 ID 为 8493952306717544471 的分支事务
    18:50:55.384 INFO --- [rverHandlerThread_1_7_500]
i.seata.server.coordinator.AbstractCore   : Register branch successfully,
xid = 192.168.1.101:8091:8493952306717544470, branchId =
8493952306717544471, resourceId = firstTccAction ,lockKeys = null
```

由于在 TransferServiceImpl.transfer() 方法中，在扣钱 try() 方法调用后加了休眠 20s，所以，如果在接下来的 20s 内查询数据库 transfer_from_db，则可以看到 A 账户冻结了 10 元，如图 8-4 所示。

```
mysql> select * from account;
+------------+--------+---------------+
| account_no | amount | freezed_amount |
+------------+--------+---------------+
| A          |    100 |            10 |
| B          |    100 |             0 |
+------------+--------+---------------+
2 rows in set (0.00 sec)
```

图 8-4

20s 后执行到加钱 try() 方法，从 Seata Server 日志中可以看到注册了一个新的分支事务：

```
    18:51:15.643 INFO --- [    batchLoggerPrint_1_1]
i.s.c.r.p.server.BatchLogHandler         : SeataMergeMessage
xid=192.168.1.101:8091:8493952306717544470,branchType=TCC,resourceId=
secondTccAction,lockKey=null,clientIp:127.0.0.1,vgroup:my_test_tx_gro
up
    // 注册了一个分支事务 ID 为 8493952306717544472 的分支事务
    18:51:15.643 INFO --- [verHandlerThread_1_10_500]
i.seata.server.coordinator.AbstractCore  : Register branch successfully,
xid = 192.168.1.101:8091:8493952306717544470, branchId =
8493952306717544472, resourceId = secondTccAction ,lockKeys = null
```

由于在 TransferServiceImpl.transfer() 方法中，在加钱 try() 方法调用后也添加了休眠 20s，所以，如果在接下来的 20s 内查询数据库 transfer_to_db 则会看到 C 账户冻结了 10 元，如图 8-5 所示。

```
mysql> select * from account;
+------------+--------+---------------+
| account_no | amount | freezed_amount |
+------------+--------+---------------+
| C          |    100 |            10 |
+------------+--------+---------------+
1 row in set (0.00 sec)
```

图 8-5

在 20s 休眠结束后，全局事务提交，TC 推进二阶段提交。从 TransferProviderStarter 的运行日志中可以看到，在 18：51：35 这个时间点收到了分支事务 8493952306717544471 和 8493952306717544472 的二阶段提交请求并完成。

再次检查 transfer_from_db 库，发现 A 账户的余额已经变成 90，冻结金额为 0，如图 8-6 所示。

```
mysql> select * from account;
+------------+--------+----------------+
| account_no | amount | freezed_amount |
+------------+--------+----------------+
| A          |     90 |              0 |
| B          |    100 |              0 |
+------------+--------+----------------+
2 rows in set (0.00 sec)
```

图 8-6

再次检查 transfer_to_db 库，发现 C 账户余额已经变成 110，冻结金额为 0，如图 8-7 所示。

```
mysql> select * from account;
+------------+--------+----------------+
| account_no | amount | freezed_amount |
+------------+--------+----------------+
| C          |    110 |              0 |
+------------+--------+----------------+
1 row in set (0.00 sec)
```

图 8-7

结果符合预期。下面再看一下在全局事务回滚场景下是否正常。

8.2.2 测试全局事务回滚

这里修改 TCC 转账样例的主类 TransferApplication，让它运行 doTransferFailed() 方法以测试全局事务回滚。

doTransferFailed() 方法调用 doTransfer() 方法，实现从 B 账户向 D 账户转账 10 元（transferAmount=10）：

```
doTransfer("B", "D", transferAmount);
```

由于在 transfer_to_db 库中不存在 D 账户，所以这次转账会失败，全局事务回滚。

在样例启动后，先创建了一个全局事务，然后调用扣钱服务 try() 方法注册了一个分支事务。从 Seata Server 日志中可以看到：

```
// 创建了一个 ID 为 8493952306717544473 的全局事务
  11:54:23.875 INFO --- [verHandlerThread_1_18_500]
i.s.s.coordinator.DefaultCoordinator     : Begin new global transaction
applicationId: tcc-sample,transactionServiceGroup: my_test_tx_group,
transactionName: transfer(java.lang.String, java.lang.String,
double),timeout:60000,xid:192.168.1.101:8091:8493952306717544473
  11:54:23.962 INFO --- [verHandlerThread_1_19_500]
i.s.c.r.processor.server.RegRmProcessor  : RM register
success,message:RegisterRMRequest{resourceIds='null',
applicationId='tcc-sample',
transactionServiceGroup='my_test_tx_group'},channel:[id: 0x484bc7fa,
L:/127.0.0.1:8091 - R:/127.0.0.1:57603],client version:1.4.0
  11:54:23.967 INFO --- [     batchLoggerPrint_1_1]
i.s.c.r.p.server.BatchLogHandler         : SeataMergeMessage
xid=192.168.1.101:8091:8493952306717544473,branchType=TCC,resourceId=
firstTccAction,lockKey=null,clientIp:127.0.0.1,vgroup:my_test_tx_grou
p
// 注册了一个 ID 为 8493952306717544474 的分支事务
  11:54:23.968 INFO --- [verHandlerThread_1_20_500]
i.seata.server.coordinator.AbstractCore  : Register branch successfully,
xid = 192.168.1.101:8091:8493952306717544473, branchId =
8493952306717544474, resourceId = firstTccAction ,lockKeys = null
```

在 TransferServiceImpl.transfer() 方法中，由于在调用扣钱 try() 方法后加了休眠 20s，所以，如果在接下来的 20s 内查询数据库 transfer_from_db，则可以看到 B 账户冻结了 10 元，如图 8-8 所示。

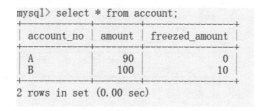

图 8-8

在 20s 后执行加钱 try() 方法，从 Seata Server 日志中可以看到注册了一个新的分支事务：

```
  11:54:44.182 INFO --- [     batchLoggerPrint_1_1]
i.s.c.r.p.server.BatchLogHandler         : SeataMergeMessage
xid=192.168.1.101:8091:8493952306717544473,branchType=TCC,resourceId=
secondTccAction,lockKey=null
  ,clientIp:127.0.0.1,vgroup:my_test_tx_group
```

```
// 注册了一个 ID 为 8493952306717544475 的分支事务
  11:54:44.182  INFO --- [verHandlerThread_1_21_500]
i.seata.server.coordinator.AbstractCore  : Register branch successfully,
xid = 192.168.1.101:8091:8493952306717544473, branchId =
8493952306717544475, resourceId = secondTccAction ,lockKeys = null
```

由于在 SecondTccActionImpl.prepareAdd() 方法中检查 D 账户不存在而返回失败，所以 transfer_from_db 库没有数据变化。休眠 20s 后，由于加钱业务 try() 方法失败，所以全局事务发起回滚，TC 推进二阶段回滚。从 TransferProviderStarter 的运行日志中可以看到，在 11：55：04 这个时间点先后收到了分支事务 8493952306717544475 和 8493952306717544474 的二阶段回滚请求并完成。

再次检查 transfer_from_db 库，发现 B 账户余额保持为 100 不变，冻结金额恢复为 0，数据与测试全局事务回滚前的数据一样，如图 8-9 所示。

```
mysql> select * from account;
+------------+--------+---------------+
| account_no | amount | freezed_amount |
+------------+--------+---------------+
| A          |     90 |             0 |
| B          |    100 |             0 |
+------------+--------+---------------+
2 rows in set (0.00 sec)
```

图 8-9

再次检查 transfer_to_db 库，数据与测试全局事务回滚前的数据一样，如图 8-10 所示。

```
mysql> select * from account;
+------------+--------+---------------+
| account_no | amount | freezed_amount |
+------------+--------+---------------+
| C          |    110 |             0 |
+------------+--------+---------------+
1 row in set (0.00 sec)
```

图 8-10

结果符合预期。

8.3 缺陷分析

看起来本实例中的 TCC 模式的实现逻辑是合理的，运行结果也符合预期，但实际上仍然存在问题——confirm() 和 cancel() 方法没有保证严格的幂等性。在实际业务中，一定要注意这个问题，考虑不周会造成数据错误，破坏数据一致性。

以 FirstTccActionImpl.commit()方法为例，其主要的逻辑是：在一个本地事务内完成账户余额的扣减与冻结金额的释放。如果本地事务提交成功，则返回 true。看起来这没有问题，但如果在 RM 把"true"这个结果返给 TC 时出现网络故障，那会怎样呢？

如果遇到这种网络问题，则 TC 可能会判断二阶段提交响应超时，认为对该分支事务的二阶段提交失败，会再次发生这个分支事务的二阶段提交，FirstTccActionImpl.commit()方法会重新执行一个本地事务，以扣减账户余额并释放冻结金额。如果这次本地事务提交成功，则意味着一次转账扣了两次钱，显然这是很严重的数据一致性问题。

略微调整一下 FirstTccActionImpl.commit()方法，模拟在本地事务提交后碰到网络问题不能快速返回响应消息到 TC 的情况：

```java
// 模拟二阶段处理超时，该变量控制失败次数
static int MOCK_PHASE2_TIMEOUT_NUM = 0;

public boolean commit(BusinessActionContext
    businessActionContext) {
    // 得到XID
    final String xid = businessActionContext.getXid();
    // 账户ID
    final String accountNo = String.valueOf(
        businessActionContext.getActionContext("accountNo"));
    // 转出金额
    final double amount = Double.valueOf(String.valueOf(
        businessActionContext.getActionContext("amount")));
    boolean ret = fromDsTransactionTemplate.execute(
        new TransactionCallback<Boolean>() {
        public Boolean doInTransaction(TransactionStatus status) {
            try{
                Account account = fromAccountDAO
                    .getAccountForUpdate(accountNo);
                // 扣减账户余额
                double newAmount = account.getAmount() - amount;
                if (newAmount < 0) {
                    throw new RuntimeException("余额不足");
                }
                account.setAmount(newAmount);
                // 释放账户冻结金额
                account.setFreezedAmount(account.getFreezedAmount()
                    - amount);
```

```
                fromAccountDAO.updateAmount(account);
                System.out.println(String.format("minus account[%s]
amount[%f], dtx transaction id: %s.", accountNo, amount, xid));
                return true;
            }catch (Throwable t){
                t.printStackTrace();
                status.setRollbackOnly();
                return false;
            }
        }
    });

    if (ret) {
        // 如果模拟二阶段处理超时次数不满 3 次,则休眠 1 分钟模拟超时
        if (MOCK_PHASE2_TIMEOUT_NUM++ < 3) {
            try {
                Thread.sleep(60000);
            } catch (InterruptedException e) {
                e.printStackTrace();
            }
        }
    }
    return ret;
}
```

上述代码会造成扣钱 TCC 的 confirm()方法失败 3 次,在第 4 次时成功。

在实际业务中,TCC 模式实现的代码当然不会像上方代码中那样故意制造故障。但是网络故障会造成类似的结果。归根结底,问题还在于 confirm()方法没有实现幂等性。

下面看一下运行效果。编译后重启 TransferProviderStarter,将 A 账户余额重新初始化为 100。运行测试全局事务提交的样例,从 Seata Server 日志可以看到,重试到第 4 次才成功:

```
//ID 为 1108049196585771010 的分支事务提交失败 1 次
 2:51:51.384 ERROR --- [rverHandlerThread_1_7_500]
i.s.c.rpc.netty.AbstractNettyRemoting     : wait response error:cost
30007
ms,ip:/127.0.0.1:64408,request:xid=192.168.1.101:8091:110804919658577
1009,branchId=1108049196585771010,branchType=TCC,resourceId=firstTccA
ction,applicationData={"actionContext":{"amount":10.0,"action-start-t
ime":1628398240926,"sys::prepare":"prepareMinus","accountNo":"A","sys
::rollback":"rollback","sys::commit":"commit","host-name":"192.168.1.
101","actionName":"firstTccAction"}}
 12:51:51.405 ERROR --- [rverHandlerThread_1_7_500]
```

```
io.seata.server.coordinator.DefaultCore  : Committing branch
transaction exception: BR:1108049196585771010/1108049196585771009
...
    // ID为1108049196585771010的分支事务提交失败两次
    12:52:21.575 ERROR --- [      RetryCommitting_1_1]
i.s.c.rpc.netty.AbstractNettyRemoting    : wait response error:cost
30017
ms,ip:/127.0.0.1:64408,request:xid=192.168.1.101:8091:110804919658577
1009,branchId=1108049196585771010,branchType=TCC,resourceId=firstTccA
ction,applicationData={"actionContext":{"amount":10.0,"action-start-t
ime":1628398240926,"sys::prepare":"prepareMinus","accountNo":"A","sys
::rollback":"rollback","sys::commit":"commit","host-name":"192.168.1.
101","actionName":"firstTccAction"}}
    12:52:21.579 ERROR --- [      RetryCommitting_1_1]
io.seata.server.coordinator.DefaultCore  : Committing branch
transaction exception: BR:1108049196585771010/1108049196585771009
...
    // ID为 1108049196585771010的分支事务提交失败3次
    12:52:51.659 ERROR --- [      RetryCommitting_1_1]
i.s.c.rpc.netty.AbstractNettyRemoting    : wait response error:cost
30004
ms,ip:/127.0.0.1:64408,request:xid=192.168.1.101:8091:110804919658577
1009,branchId=1108049196585771010,branchType=TCC,resourceId=firstTccA
ction,applicationData={"actionContext":{"amount":10.0,"action-start-t
ime":1628398240926,"sys::prepare":"prepareMinus","accountNo":"A","sys
::rollback":"rollback","sys::commit":"commit","host-name":"192.168.1.
101","actionName":"firstTccAction"}}
    12:52:51.663 ERROR --- [      RetryCommitting_1_1]
io.seata.server.coordinator.DefaultCore  : Committing branch
transaction exception: BR:1108049196585771010/1108049196585771009
...
    // ID为 1108049196585771010的分支事务提交终于成功
    12:53:21.687 INFO --- [      batchLoggerPrint_1_1]
i.s.c.r.p.server.BatchLogHandler         :
xid=192.168.1.101:8091:1108049196585771009,branchId=11080491965857710
10,branchStatus=PhaseTwo_Committed,result code =Success,getMsg
=null,clientIp:127.0.0.1,vgroup:my_test_tx_group
```

在事务运行期间多次检查 transfer_from_db 库，发现 A 账户余额从 100 变为 90，又变为 80、70、60，最终余额为 60，冻结金额为"–30"，如图 8-11 所示。

```
mysql> select * from account;
+------------+--------+----------------+
| account_no | amount | freezed_amount |
+------------+--------+----------------+
| A          |     90 |              0 |
| B          |    100 |              0 |
+------------+--------+----------------+
2 rows in set (0.00 sec)

mysql> select * from account;
+------------+--------+----------------+
| account_no | amount | freezed_amount |
+------------+--------+----------------+
| A          |     70 |            -20 |
| B          |    100 |              0 |
+------------+--------+----------------+
2 rows in set (0.00 sec)

mysql> select * from account;
+------------+--------+----------------+
| account_no | amount | freezed_amount |
+------------+--------+----------------+
| A          |     60 |            -30 |
| B          |    100 |              0 |
+------------+--------+----------------+
2 rows in set (0.00 sec)
```

图 8-11

再次检查 transfer_to_db 库，发现 C 账户余额变成 110，冻结金额为 0，如图 8-12 所示。

```
mysql> select * from account;
+------------+--------+----------------+
| account_no | amount | freezed_amount |
+------------+--------+----------------+
| C          |    110 |              0 |
+------------+--------+----------------+
1 row in set (0.00 sec)
```

图 8-12

结果证明，A 账户被多扣了 30 元。

怎么解决这个问题？常用方法是：

（1）在 try() 方法中，在另一张表中插入一行记录，标识分支事务 ID 与本次交易的关系。

（2）在二阶段处理时，根据分支事务 ID 从这张表查找记录，如果查不到记录，则认为已经为该分支事务已经进行了二阶段处理，直接返回成功；如果能查到，则在原来的主处理逻辑的本地事务内删除这行记录（即如果业务处理成功则该记录一定会被删除）。

以 FirstTccActionImpl.commit()方法为例：在一个本地事务内，完成账户余额的扣减、账户冻结金额的释放，以及上一段（2）介绍的记录的删除。如果本地事务提交成功，则 FirstTccActionImpl.commit()方法即使收到重复的请求，但由于查询那一行记录不存在而返回处理成功，所以不会重复扣钱。这种方式借助于数据库本地事务来确保二阶段处理的幂等性。

上京东搜"实战派",看更多同类书

……